海缆工程技术丛书

U0394361

海底光缆——
设计、制造与测试

中国人民解放军海缆通信技术研究中心　组编

姬可理　魏　巍　张文轩　王瑛剑　叶扬高　周　海　编著
吴　静　栗雪松　黄贤斌　张雪梅　杨可贵

机 械 工 业 出 版 社

海底光缆用于大陆与岛屿间、岛屿与岛屿间、沿海城市间和跨洋国际海底光缆通信系统中，起到光信号传输的作用，在中继海底光缆通信系统中还有中继供电的作用。本书针对海底光缆的设计、工艺制造与测试等方面的基本知识进行了介绍。全书共 8 章，内容包括光纤及海底光缆的结构设计与制造工艺，海底光缆附件的结构与设计，海底光缆工厂测试与试验方法等。此外，本书还涉及了海底光缆的主要原材料和相关标准等内容。

本书主要供从事海底光缆研究、制造、施工、维护和管理的人员使用，也可供海缆工程专业的科研教学人员参考。

图书在版编目（CIP）数据

海底光缆：设计、制造与测试/中国人民解放军海缆通信技术研究中心组编；姬可理等编著. －北京：机械工业出版社，2019.3
（海缆工程技术丛书）
ISBN 978-7-111-62194-2

Ⅰ．①海…　Ⅱ.①中…②姬…　Ⅲ.①海底－光纤通信　Ⅳ.①TN913.33

中国版本图书馆 CIP 数据核字（2019）第 042942 号

机械工业出版社（北京市百万庄大街 22 号　邮政编码 100037）
策划编辑：付承桂　责任编辑：翟天睿
责任校对：张晓蓉　封面设计：鞠　杨
责任印制：张　博
北京铭成印刷有限公司印刷
2019 年 4 月第 1 版第 1 次印刷
169mm×239mm·14 印张·271 千字
0 001—1 600 册
标准书号：ISBN 978-7-111-62194-2
定价：65.00 元

凡购本书，如有缺页、倒页、脱页，由本社发行部调换

电话服务　　　　　　　　　　　网络服务
服务咨询热线：010-88361066　　机 工 官 网：www.cmpbook.com
读者购书热线：010-68326294　　机 工 官 博：weibo.com/cmp1952
　　　　　　　　　　　　　　　　金 书 网：www.golden-book.com
封面无防伪标均为盗版　　　　教育服务网：www.cmpedu.com

编 委 会
（排名不分先后）

丛书序

　　在信息技术飞速发展的今天，海量数据的传输需求迅猛增长，海底光缆扮演着不可或缺的角色。如今，全球已建成数百条海底光缆通信系统，总长度超过 100 万 km，已经把除南极洲外的所有大洲以及大多数有人居住的岛屿紧密地联系在一起，构成了一个极其庞大的具有相当先进性的全球通信网络，承担着全世界超过 90% 的国际通信业务。因此，海底光缆已成为全球信息通信产业飞速发展的主要载体，是光传输技术中的尖端领域，更是各大通信巨头争相抢夺的制高点。

　　而海底光缆通信是集海洋工程、海洋调查、船舶工程、航海技术、机械工程、通信工程、电力电子以及高端装备制造等于一体的多专业、多领域交叉的学科，因此海缆工程被世界各国公认为是世界上最复杂的大型技术工程之一。

　　本丛书是一套完整覆盖海缆工程各技术领域的工具书。中国人民解放军海缆通信技术研究中心在积累了 20 余年军地海缆建设工程实践经验、并结合多年承担全军海缆工程技术培训任务的基础上，组织国内海缆行业各相关领域领先的技术团队编写了"海缆工程技术丛书"。本套丛书包括《海底光缆工程》《海底光缆——设计、制造与测试》《海底光缆通信系统》《海缆工程建设管理程序与实务》《海缆路由勘察技术》《海缆探测技术》六本书，覆盖海缆工程从项目论证到桌面研究，从路由勘察到工程设计，再到海缆线路和相关设备制造、传输系统和关键设备集成，乃至工程实施及运行维护等各方面，以供海缆专业的工程设计、施工、维护和管理人员使用，也可供海缆工程专业的科研教学人员参考。

　　当前，我国海洋事业已进入历史上前所未有的快速发展阶段，本套丛书的编著和出版，对我国海缆事业的长远规划和可持续发展具有重要意义，对推进我国海洋信息化建设、助力国家"一带一路"倡议的实施也将产生积极促进作用。

　　我国已迈出从海洋大国向海洋强国转变的稳健步伐，愿各位海缆人坚定信念、不忘初心、勇立潮头、继续奋进，为早日实现中国梦、海洋梦、强国梦贡献更大力量！

前　言

　　海底光缆通信系统是国际通信、洲际通信的重要基础设施，具有超远距离传输、大容量、高可靠等特点，是实现全球互联的重要通信手段。1988 年，世界上第一条跨洋海底光缆建成，经过 30 多年的发展，已在全球语音和数据通信骨干网中占据了主导地位，基本上没有其他的技术能与之媲美。目前，海底光缆已跨越全球六大洲，总长度超过 100 万千米，构成了一张不间断的巨型网络，承担着国际通信 90% 以上的业务量，在世界经济发展、文化交流和社会进步的进程中正发挥重要的作用。

　　本书是"海缆工程技术丛书"的一个分册，系统地介绍了海底光缆结构设计、制造工艺与测试、主要原材料及海缆附件等方面的基本知识。读者通过本书能够了解海缆工程建设的一般要求。本书可作为海缆工程各技术领域的工具书和教材，可供海缆通信专业的工程设计、施工、维护和管理的人员使用，也可供海缆工程专业的科研教学人员参考。

　　全书共 8 章。第 1 章为概论，简要介绍海底通信线缆发展历程，海底通信系统的基本构成，重点介绍海底光缆通信的特点。第 2 章介绍光纤的结构、分类、传输原理及制造方法等，重点介绍光纤的特性及海缆用光纤的发展与特点。第 3 章首先介绍海底光缆的要求和类型，包括系列铠装光缆的结构和适用环境，重点介绍海底光缆的结构、设计要素和计算方法，最后给出一些国外著名海缆公司的典型结构和技术指标。第 4 章阐述海底光缆制造工艺，包括光纤着色、金属管焊接、绝缘层挤制及外铠装绞制等，此外还简单介绍海底光缆的贮存及运输的要求和方法。第 5 章介绍海底光缆附件的结构与设计，主要包括海缆接头盒、海缆分支器、海底中继器及海缆柔性接头等。第 6 章阐述海底光缆工厂测试项目和试验方法及试验步骤，包括光学性能、力学性能、电气性能、物理性能及环境性能等。第 7 章介绍海缆用主要原材料的特性、要求，并给出相关技术指标。第 8 章介绍海底光缆的相关标准，包括国际标准与国内标准以及二者之间的异同。

　　本书撰写过程中，吴静、王瑛剑负责第 1 章的编写工作，周海、魏巍、王瑛剑负责第 2 章的编写工作，张文轩、姬可理负责第 3 章、第 7 章的编写工作，栗雪松、张文轩、魏巍负责第 4 章的编写工作，叶扬高、王瑛剑、黄贤斌负责第 5 章的编写工作，张雪梅、魏巍、黄贤斌负责第 6 章的编写工作，杨可贵、魏巍、王瑛剑负责第 8 章的编写工作。

上述人员来自中国电子科技集团第八研究所和中国人民解放军海军工程大学，他们都是长期从事光通信科研、工程和教学的技术骨干。姬可理负责全书的总体规划，张文轩、魏巍负责对全书文稿的归纳整理及全书图表的绘制。由于编者水平有限，难免有不妥或错误之处，恳请读者批评指正。

编　者

目　录

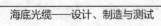

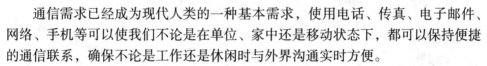

第 1 章

概　论

通信需求已经成为现代人类的一种基本需求，使用电话、传真、电子邮件、网络、手机等可以使我们不论是在单位、家中还是移动状态下，都可以保持便捷的通信联系，确保不论是工作还是休闲时与外界沟通实时方便。

通信可以追溯到古代，自从有了人类的活动，就产生了通信，因为在人类活动过程中要相互远距离传递信息，也就是将带有信息的信号，通过某种系统由发送者传送给接收者，这种信息的传输过程就是通信。如古代人们用点火方式让同伴知道自己的位置，通过改变火光的形式（如燃起烽火）来增加传输的信息量，传递紧急消息等，这都可谓原始的无线光通信。

实际上，现代意义上的通信始于 19 世纪上半叶，距今虽不到 200 年，但其发展从形态到内容都发生了巨大变化：从电报到电话、从音频到视频、从有线到无线、从固定到移动、从电通信到光通信、从陆上到水下、空中等，现已全面影响并改变人类的政治、经济、文化、生活等。

作为现代三大通信手段（卫星通信、光纤通信、移动通信）之一的光纤通信是利用光导纤维（简称光纤）传送信息的光波通信技术（是一种有线通信）。光通信采用的载波位于电磁波的近红外区，频率非常高（$10^{14} \sim 10^{15}\,\mathrm{Hz}$），因而通信容量极大。光纤通信在全球范围内得到了很大的发展，并极大地改变了信息技术的面貌，光纤通信已成为现代通信的支柱和世界通信网的骨干。

由于人类生活的地球表面三分之二被海洋所覆盖，因此为了便于隔海、隔洋的通信联系，海底通信甚至早于无线通信和卫星通信，而于 19 世纪下半叶即出现，从海底电报电缆、海底电话同轴电缆、海底宽带电缆到现在的海底光缆，海底有线通信始终担负着国际通信的重任，特别是面向 21 世纪的互联网、大数据时代，海底光缆已成为国际通信的绝对主力，并将承担越来越重的信息传输任务。

1.1　海底光缆通信系统的基本结构

海底光缆通信系统与陆上光通信系统一样，主要包括光发送设备、传输媒质和光接收设备三大组成部分，它是以海底光缆中的光纤为传输媒介，与海底中继器以及陆上的终端设备等组成传输回路，传送大陆与岛屿间数字信息的系统。一个完整的海底光缆通信系统主要由设在陆地上的海缆登陆局内的终端设备（包括终端传输设备、监控设备、供电设备等）和置于海底的水下设备（海底光缆、中继器、分支器等）所构成。海底光缆通信系统的配置如图 1-1 所示。

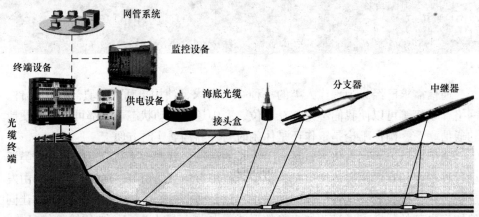

图 1-1　海底光缆通信系统配置

海底光缆系统通常至少包括两个陆上部分和一个海底部分，当仅连接两个终端站时，称为海底光缆链路；当在多个（三个及以上）终端站之间建立传输链路时，称为海底光缆网络。根据系统构成，海底光缆系统可分为两类：一类是使用中继器的有中继系统，适用于远洋和国内海域长距离传输；另一类是不使用中继器的无中继海底光缆传输系统，适用于短距离的岛屿之间和岛屿与大陆之间的通信。根据 ITU–T G.971 海底光缆系统的通用特征规定，海底光缆通信系统组成如图 1-2 所示。

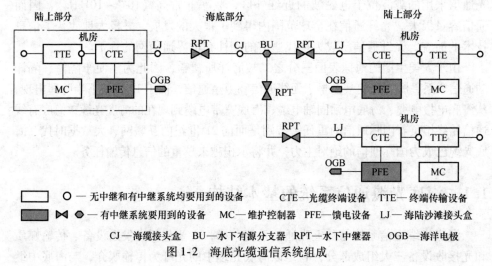

图 1-2　海底光缆通信系统组成

1）光缆终端设备。从海中进局的海底光缆终端在光缆终端设备上，将光缆中的光纤与供电导线分开，分别接到局内光缆和供电电缆上，并引至终端传输设备和供电设备。

2）终端传输设备。提供海底光缆系统与陆上光缆中继系统的双向接口设备，同时终端设备还应提供与此相反的变换过程。

3）监测设备。监测光缆和中继器的状态，在光缆和中继器故障的情况下，自动告警并定位故障。监测系统运行状态、系统比特差错率、放大器偏置电流、中继器收发光功率等，完成对线路的日常测试并预报系统可能发生的障碍。一旦系统发生故障，能准确地测出障碍地点，以便及时抢修，确保系统正常运行。

4）供电设备。由海底光缆中的供电导体与大地构成的串联直流供电回路对中继器进行供电。供电有主备用设备双重保证，当一台变换器发生障碍时，另一台变换器在不中断业务的条件下，通过自动（或人工）倒换承担系统供电。

5）中继器。中继器是重新生成光信号的器件，在信号通过一定距离传播而衰减之后，在沿着光缆的适当位置加入中继器，相距大约50～100km。目前中继器有三种类型，即3R电再生中继器、EDFA中继器和拉曼中继器。中继器由再生中继回路、监控回路和供电回路组成。再生中继回路将光终端传输设备或前一个中继器送来的光信号经过光－电转换后，对信号放大、整形、再生，再经电－光转换，输出光信号到海底光缆线路上。中继器外壳用特殊的合金制成，具有高机械强度特性，并满足防震、抗压、散热和高密闭性的要求，确保中继器在海底正常工作。

6）分支器。它允许连接两个以上的点，即两个点都在海岸的不同位置登陆或分配部分通信量到次级登陆点。分支单位是复杂的光学和电气设备，是光、电重新配置的关键设备。

7）海底光缆。按照其在系统中的应用，可以分为有中继海底光缆和无中继海底光缆，海底光缆的结构应具有抗海水压力、耐张力、耐磨损、防腐蚀、防鱼咬和高密闭性。根据海洋中的不同底质条件，配有轻、重铠装结构和防鱼咬等不同外护套的海底光缆。海底光缆中的光纤具有高强度、低损耗、微弯不敏感以及对氢气影响参数较稳定等优点。

8）海缆接头盒。海缆接头盒将两个光缆段可靠地连接起来，实现光、电、力学性能的延续，需要针对不同的铠装进行专门设计。

国内相关标准也规定了海底光缆通信系统的构成，包括无中继海底光缆通信系统和有中继海底光缆通信系统。图1-3所示为带光放大器的无中继海底光缆通信系统构成（参见GJB5654A—2006）。系统中使用光放大器来延长无中继传输距离。可在光发射端机之后使用EDFA功率放大器提高其发送光功率，可在光接收端机之前使用EDFA预放大器提高信号接收灵敏度，也可将功率放大器和预放大器配合使用。而且，还可使用 FRA 和 ROPA，进一步延长系统无中继传输距离。

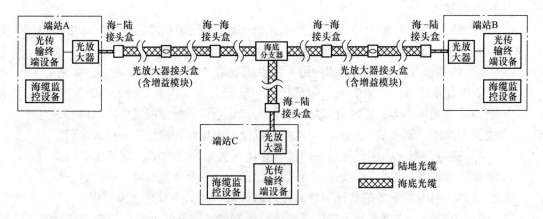

图 1-3　带光放大器的无中继海底光缆通信系统构成

有中继海底光缆通信系统构成如图 1-4 所示（参见 GJB 5931A—20××，该标准即将发布）。系统中使用远供电源设备进行系统水下线路设备馈电，通过海底光缆中的铜导线，使用海水和海洋接地装置，将大地作为供电回路的一部分，采用串联供电方式提供系统所要求电压的恒定电流。

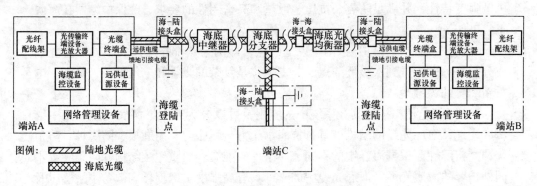

图 1-4　有中继海底光缆通信系统构成

1.2　海底光缆通信的特点

1.2.1　海底光缆通信的优点

（1）通信容量大　与无线、卫星等其他通信方式相比，光纤具有更大的带宽和更高的传输速率，光纤的频率能重复利用，只要新增线路，就能增加容量；而无线通信受带宽的限制，信道拥挤且传输容量有限。常用通信频段见表1-1。

表1-1 常用通信频段表

频段名称	频率范围	波长范围	主要用途及场合
极低频（ELF）	$3 \sim 30$Hz	$100 \sim 10$Mm（极长波）	对潜沟通
超低频（SLF）	$30 \sim 300$Hz	$10 \sim 1$Mm（超长波）	海军战略通信
特低频（ULF）	$300 \sim 3000$Hz	$1000 \sim 100$km（特长波）	对潜沟通
甚低频（VLF）	$3 \sim 30$kHz	$100 \sim 10$km（超波长）	音频、电话、数据终端（有线线对）
低频（LF）	$30 \sim 300$kHz	$10 \sim 1$km（长波）	导航、信标、电力通信（有线线对）
中频（MF）	$300 \sim 3$MHz	$1000 \sim 100$m（中波）	AM广播、业余无线电（同轴）
高频（HF）	$3 \sim 30$MHz	$100 \sim 10$m（短波）	移动电话、短波广播、业余无线电（同轴）
甚高频（VHF）	$30 \sim 300$MHz	$10 \sim 1$m（米波）	FM广播、TV、导航移动通信（同轴）
特高频（UHF）	$300 \sim 3000$MHz	$1 \sim 0.1$m（分米波）	TV、遥控遥测、雷达、移动通信（同轴、波导）
超高频（SHF）	$3 \sim 30$GHz	$10 \sim 1$cm（厘米波）	微波通信、卫通、雷达（波导）
极高频（EHF）	$30 \sim 300$GHz	$10 \sim 1$mm（毫米波）	微波通信、雷达、射电天文学（波导）
光纤频率	$10^{14} \sim 10^{15}$ Hz	$3 \sim 0.3\mu$m（激光）	光通信（光纤）

光纤带宽容量巨大，当前商用单波道速率为100Gbit/s，总速率达Tbit/s级，而一般无线短波电台进行数字传输的速率只有2400bit/s，超短波设备进行数字传输的速率最高不超过19200bit/s，卫星容量一般为几百Mbit/s。海缆中单纤传输的流量是一个卫星频道的百倍以上，因而，海底光缆通信容量是其他通信手段无法相比的。

（2）通信质量高 光纤通信数百千米无中继传输，误码率（BER）可低于10^{-11}，时延低，传输特性非常稳定。而无线、微波、卫星通信的时延与误码率均高于光纤，如微波通信BER通常为10^{-7}，卫星传输时延一般为0.25s。

（3）抗毁能力强 海底光缆一般埋设于海底，路由隐蔽，无电磁辐射，且不易探测。相对而言，无线、微波接力、卫星等通信手段都是利用无线信道传输，接收发送设备暴露，且均存在强电磁辐射，易受反辐射武器跟踪攻击。

（4）抗干扰能力强 海底光缆通信的媒介光纤是非开放性的，频谱覆盖可见光和部分红外频谱，与外界电磁波的频段分离，不受外界电磁环境的影响。无线通信的媒介则相反，它是利用开放性的大气空间和电离层为传输媒质，传输性能受外界电磁环境影响大。如短波的信道易受电离层变化及不均匀性、磁暴核爆及太阳耀斑等自然条件的影响，抗干扰能力较弱。

（5）保密性好 光信号在光纤中传输，光纤既不外泄能量，也不感应外部能量，因而光纤信号不易被转接，信号功率能清晰地监视，保证了系统的安全性。而无线通信信号易被截获，若加密措施失去作用，那么重要信息将会被窃取。

（6）对电磁环境影响小　光信号在海缆的光纤中传输，对外界几乎没有电磁辐射，对电磁环境的影响很小。无线通信以自由空间为传播媒介，需要辐射一定功率的电磁波作为信息载体，不可避免地会对电磁环境产生影响。

（7）广泛的业务接入能力　宽带综合业务数字网（BISDN）技术的引入使海底光缆具有接入速率从几 bit/s 至几百 Gbit/s 业务的能力，既可以进行高清晰度电视、可视电话、高速数据、动态图像等高速用户终端业务的传输，又可以进行语音、传真、低速数据等低速用户终端业务的传输，具有广泛的接入能力。而无线通信传输速率低，使其很难进行高速数字传输。

1.2.2　海底光缆通信的缺点

（1）重新组网灵活性不强　组网灵活性是通信方式重构物理网络拓扑结构的能力，无线短波、超短波通信传输链路无需重建，只需配置收发信机和天线、馈线系统就能重新组网，而光纤通信需建专用线路，组网灵活性较差。

（2）机动能力较差　海底光缆通信是固定通信方式，其信道可获得性受线路限制，不能跳跃，无法对机动目标实现移动通信。卫星通信可用移动站在全球任意一点进行通信联络，可通过卫星地面终端设备实现跳跃，无需本地分配网络。

目前跨洋通信主要通过海底光纤通信和卫星通信实现。卫星通信的载体为微波，是无线通信，具有覆盖面大、通信距离长、不受环境限制等优点。它独具无缝隙覆盖能力、灵活性、移动性、普适性、可靠性好等特点，已在全球广泛应用于公众通信网以及工农业、商务、航空、航海、科研、军事等领域。但卫星通信也有造价高、信号会有时间延迟、不可维修及保密性不好等缺点。

光纤通信是利用光波在光导纤维中传输信息的，其载体为激光，是有线通信。光纤通信具有光纤体积小、传输容量大、抗干扰、保密性强、能量损耗小、通信质量高等优点，但也有敷设线路受地理条件限制、光缆易受地震、海啸断损的缺点。总体而言，对比卫星通信，海缆通信系统具有超大容量、安全性高、无时间延迟、系统寿命长、性价比高等优势，因而当前全球超过 90% 的跨洋通信都是通过海底光缆通信系统完成的。

1.2.3　海底光缆通信系统的特点

与普通陆上光缆通信系统相比，海底光缆通信系统的特点如下：

1）具有高度可靠性。系统寿命为 25 年，在此期限内，由于设备和主要器件损坏而引起的障碍不超过 3 次。主要元器件和系统均有备用，能自动（或人工）进行替换。

2）光缆和中继器能承受 8000m 水深的压力，还能承受敷设和打捞修理海缆时的张力，并具有防水汽渗透的密闭性，在恶劣的环境中能长时间保证正常运行。

3）光缆单根制造长度长（最长能达上百千米），中继段接续点少，在平均120km 的中继段里，只有一个接续点，接头损耗小。

1.3　海底光电复合缆

为了更好地对海底地震、海啸进行预警，也为了更全面地对海洋世界进行研究，以及满足军用侦察阵列的需要，一些国家和地区在近、远海海底建有海底观测站和海底探测站等。通过与海缆相连的众多传感器收集海底数据信息进行大数据分析，这些海底观测和预警网络的很多终端设备都是有源设备，需要供电。尽管光纤能够代替金属导线用于语音、图像及数据传输，但它不能够传送电能，在需要提供动力电源的使用环境下，在通信海底光缆中会复合进电力导线，形成海底光电复合缆。其中的光纤用于通信，铜线用于向远端设备供电。根据系统的使用要求，海底光电复合缆的结构不同，可以采用独立的绝缘导线，也可以采用单线（或管），与海水形成回路（因为交流电的容抗对电能损耗大，所以为了在海底远距离传输电能，一般采用单级负压直流输电方式，主干缆输送电压一般在千伏级以上，有利于减少电能的损耗）。

还有一类是在海底电力电缆中复合进光纤单元，形成光纤复合海底电力电缆。其供电导体截面较大，从数十 mm^2 到数百 mm^2，甚至达上千 mm^2，供电电压从数百伏到 500kV。主要是为岛屿、海上石油平台及跨越江河海峡短距离提供电力，或作为近海风力发电传输电缆使用，其复合集成的光纤主要作用包括数据传输、分布式温度测量、电缆应变或振动测量、故障探测与定位等。对于单芯海底电缆，光纤一般置于铠装内，光纤放置在 0.9 ~ 4mm 直径的不锈钢管中，不锈钢管外塑料护套的直径等于或略小于铠装线的直径，以使光缆单元取代一根铠装线的位置。对于三芯高压电力电缆，光缆可放置在三芯电缆缆芯的空隙中，如图1-5 所示。

导体结构方面通常采用两种方式，一是实心导体，即导体由一根实心单线构成，这种导体结构简单，制造较容易，且有天然良好的纵向阻水性能；二是圆单线绞合导体，即单线在绞线机上逐层绞合形成，绞合后的线体比较柔软。绞线的阻水可通过在导体绞合时加入阻水粉、阻水纱或阻水带等方式来实现。

目前，国内外绝大多数的海底电缆和光缆是相互独立敷设的，但是随着海上

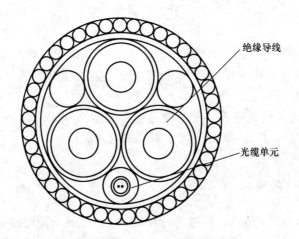

图 1-5　三芯光电复合海缆

风力发电、海上石油平台等海上作业系统的全面发展，一根海缆要同时实现电力传输和远程控制已成为必然趋势。因此，海底电缆和光缆也有走向融合的必要，从而形成海底光电复合缆。

参 考 文 献

［1］叶培大，吴黎尊．光波导技术基本研究［M］．北京：人民邮电出版社，1984.

［2］JOSE CHESNOY. Undersea Fiber Communication Systems［M］. 2nd ed. New York：Academic Press，2015.

［3］斯蒂芬·茨威格．人类群星闪耀时［M］．高中甫，潘子立，译．天津：天津人民出版社，2011.

［4］曾达人，全志辉，李浩，等．海底通信电缆工程技术手册［M］．北京：解放军出版社，2001.

［5］刘朔岐．首届全国海底光缆通信技术研讨会论文集［C］．武汉：海军工程大学出版社，2006.

［6］董向华，赵晶．第三届全国海底光缆通信技术研讨会论文集［C］．北京：机械工业出版社，2013.

［7］张超．十年的回顾［J］．海缆技术交流专辑，1994.

［8］韩立军．新建海缆的做法和体会［J］．海缆技术交流专辑，1994.

［9］曾海桂．关于某深海海缆载波系统故障测试方法和体会［J］．海缆技术交流专辑，1994.

［10］刘成钢，刘飞虎．我国第一条海底光缆［J］．海缆技术交流专辑，1994.

［11］梁斌．中日海底通讯电缆谈判中的一个细节［N］．人民政协报，2011 – 12 – 15.

［12］崔燕．中国"邮电一号"布缆船［J］．中国船检，2010（01）.

［13］鞠茂光．我国海底光缆通信系统建设的几点思考［J］．海缆技术，2009（2）.

［14］吴锦虹，陈凯，江尚军．有中继海底光缆通信系统的应用与发展［J］．中国新通信，2014（17）．

［15］王瑛剑，李海林，等．海军海缆线路业务员考核指南［M］．武汉：海军工程大学出版社，2013．

［16］王春江，等．电线电缆手册第1册［M］．2版．北京：机械工业出版社，2002．

［17］THOMAS W．海底电力电缆［M］．应启良，徐晓峰，孙建生，译．北京：机械工业出版社，2011．

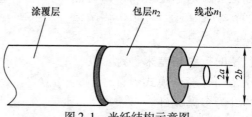

第 2 章

光　纤

用于约束并传导光的介质波导称作光导纤维（简称光纤），采用对光波高度透明的介质材料制成的纤维状圆形光波导，一般由折射率相对较高的纤芯、折射率相对较低的包层和折射率更低的涂覆层构成。光信号主要经纤芯传输，包层为光信号提供反射边界和光隔离，同时又起到一定的机械保护作用。为了保证光纤的强度，在包层外还须有起增强作用的涂覆层。通信用光纤主要是用石英玻璃拉成的纤维丝，从机械强度考虑，其外径多规定为 $125\mu m$（这也保证了全世界的光纤及其接插件的通用性和互换性）。在光纤通信系统中，以光波作为载频，光纤为传输媒介，将光信号从光发射机传送到光接收机。

2.1 光纤结构

光通信中使用的光纤是像头发丝粗细的玻璃纤维，由两种不同的玻璃制成，其中一种玻璃构成中心部分的纤芯，另一种玻璃构成周围部分的包层。

光纤的典型结构是多层同轴圆柱体，如图 2-1 所示，主要由纤芯、包层和涂覆层构成。最里面的是光纤纤芯，由高度透明的石英玻璃制成，纤芯直径（$2a$）为 $4\sim100\mu m$，包层直径（$2b$）为 $125\sim140\mu m$，其折射率 n_2 略小于

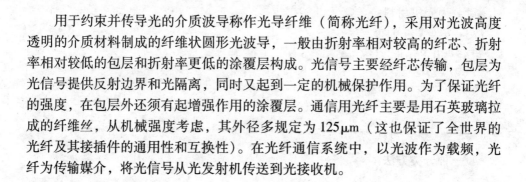

图 2-1　光纤结构示意图

纤芯折射率 n_1，从而形成一种波导效应，使大部分的光信号被束缚在纤芯中传输。目前，通信光纤纤芯的折射率一般在 $1.462\sim1.468$（根据光纤的种类而异），包层的折射率在 $1.45\sim1.46$。纤芯和包层合起来构成裸光纤，光纤的光学及传输特性主要由它决定。但是实际中还有涂覆层和缓冲层，涂覆层包括一次涂覆层、缓冲层和二次涂覆层，用来保护光纤不受水汽的侵蚀和机械的擦伤，同时又增加光纤的机械强度和可弯曲性，起到延长光纤寿命的作用。

2.2 光纤分类

光纤的分类方法很多，因此光纤的类型也很多，并且随着光通信科学技术的不断创新，光纤的分类方法也在不断增多。同一种分类方法可能各自分出多个光纤类别，一个类别往往还能接着分出很多更为详细的类别。

1）按照光纤所使用的原材料分类，可以分为石英光纤、多成分玻璃光纤、塑料光纤、复合材料光纤（如塑料包层、液体纤芯等）、红外材料等；按涂覆材料还可分为无机材料（涂碳光纤等）、金属材料（铜、镍等）和塑料等；

2）按照光纤的工作波长分类，可以分为紫外光纤、可见光纤、红外光纤（又可分为 $0.85\mu m$、$1.3\mu m$、$1.55\mu m$）等几种；

3）按照光纤的折射率分布可以分为阶跃（SI）型光纤、近阶跃型光纤、渐变（GI）型光纤、其他（如三角形、W形、凹陷形等），如图2-2所示；

4）按传输模式还可以分为单模光纤（SMF）（含偏振保持光纤、非偏振保持光纤）和多模（MMF）光纤等。

每一种分类方法都有它的一套完整的分类逻辑系统，这里就不一一举例说明了。本书主要将以传输模式的分类方式介绍各类常用通信光纤。

所谓模式，实质上是电磁场的一种分布形式，模式不同，其分布也不同。光纤的模式是一组具有相应的横向和纵向相位关系，从而构成特定的反射角，并可能在光纤中传输的光线。光纤中可能传播的模式数量由光波长、纤芯尺寸、纤芯的折射率分布及纤芯与包层的折射率差来确定。在一定的工作波长下，当有多个模式在光纤中传输时，称这种光纤为多模光纤。只能传输一种模式的光纤称作单模光纤，单模光纤芯径很小，为 $4\sim10\mu m$，只传输基模，不存在模间时延差，具有比多模光纤大得多的带宽，传输容量很大。

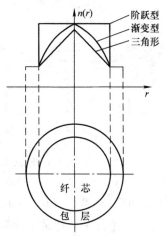

图 2-2 光纤纤芯的折射率分布

单模光纤多采用阶跃折射率分布，多模光纤可以采用阶跃折射率分布，也可以采用渐变折射率分布。因此，石英光纤大体上可以分为单模（阶跃）光纤、多模阶跃光纤和多模渐变光纤三种。实际上光纤的结构决定了光纤的传输性能，合理的折射率分布可以减少光的衰减和色散的产生。为了改善光纤的波导性能，特别是既想获得低损耗，又想具有低色散，以适应长距离、大容量通信的要求时，可以对光纤的结构进行设计，控制折射率的分布。

2.2.1 多模光纤

1. 结构

多模光纤按横截面上折射率分布的结构情况来分类，可分为阶跃折射率型（SI）光纤和渐变折射率型（GI）光纤。所谓阶跃光纤，是指在纤芯与包层内的折射率分布各自都是均匀的，只是在两者的交界处，其折射率产生阶梯变化，而渐变光纤的折射率在光纤的轴心处最大，然后沿着横截面的径向逐渐减小，变化规律一般符合抛物线规律，到与包层交界处则降到和包层折射率相等，故称之为渐变光纤。两种多模光纤的结构如图2-3所示。

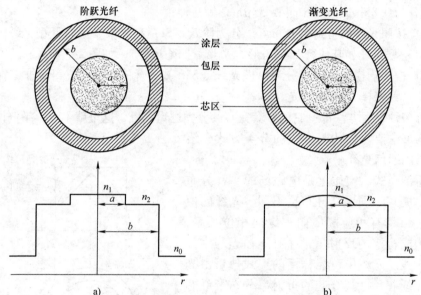

图2-3 阶跃多模光纤和渐变多模光纤折射率分布
a—纤芯半径 n—折射率 b—包层半径

国际电工委员会（International Electrotechnical Commission，IEC）对这两种结构的光纤进行了具体的分类，根据多模光纤（A类）的特点分成四大类，即A1、A2、A3、A4类多模光纤。表2-1给出了A类多模光纤的分类方法、所用材料、折射率分布特点等。

表2-1 多模光纤种类

IEC 分类	材料	类型	折射率分布指数 g 极限值
A1	玻璃芯/玻璃包层	渐变折射率光纤	$1 \leqslant g \leqslant 3$
A2	玻璃芯/玻璃包层	准阶跃折射率光纤	$3 \leqslant g$
A3	玻璃芯/塑料包层	阶跃折射率光纤	$10 \leqslant g$
A4	塑料芯/塑料包层	阶跃折射率光纤	$10 \leqslant g$

2. 分类

（1）阶跃多模光纤　阶跃多模光纤的折射率在纤芯为 n_1 处保持不变，到包层突然变为 n_2。因此，这种光纤的剖面结构简单，制作容易，但如今这种光纤应用较少，主要原因是光纤因色散使得输出脉冲信号展宽大，相应的带宽小，大约只有 10MHz·km，通常只能用于短距离传输。

（2）渐变多模光纤　渐变折射率分布型多模光纤的折射率 n_1 不像阶跃多模光纤是一个常数，而是在纤芯中心最大，沿径向向外按抛物线形状逐渐变小，直到包层变为 n_2，如图 2-3 所示。这样的折射率分布可以使光的模间色散降低到最小，同时拥有很高的带宽（0.2 ~ 2GHz·km）。目前 IEC 将渐变 A1 类多模光纤又分为 A1a、A1b、A1d（原有的 A1c 因芯/包（85/125μm）尺寸大、制作成本高、抗弯性能差、带宽低，且与测试仪器和连接器件不匹配等原因，于 2000 年被 IEC 取消）。

尽管多模光纤的损耗大、带宽小，不适于远距离的通信系统使用，但多模光纤在接续、所用光源和使用能耗方面具有显著的成本优势，故其在短距离接续、局域网及数据中心等方面得到广泛应用。近年来，ISO/IEC 11801 标准又将多模光纤进一步细分为 OM1、OM2、OM3、OM4 等多模光纤。其中，OM1 包括了表 2-2 中的 A1a 和 A1b，它们被称为传统多模光纤。ISO/IEC 11801 标准将适用于 Gbit/s 以太网的多模光纤称为 OM2 光纤，它们是指 62.5/125μm 和 50/125μm 两种规格的多模光纤。OM3 多模光纤指适用于 10Gbit/s 以太网的 50/125μm 多模光纤，即新一代多模光纤，又称为激光器光纤，使用 850nm 垂直腔面发射激光器（VCSEL），光源最大链路值可达 300m。OM4 则是 OM3 多模光纤的升级版，有效带宽比 OM3 多一倍以上，其光纤传输距离可以达到 550m。OM5 是新型宽带多模光纤，它与 OM3、OM4 光纤完全兼容并可互操作。OM5 的设计旨在支持850 ~ 950nm 范围内的至少四个低成本波长，从而能够优化支持新型的短波分复用（SDWM）应用，将平行光纤数量大大减少，仅使用 2 芯光纤（而非 8 芯）持续传输 40Gbit/s 和 100Gbit/s，减少了光纤数量，实现更高速度。

表 2-2　A1 多模光纤基本尺寸及性能

光纤类型	A1a		A1b		A1d	
纤芯直径/μm	50 ±3		62.5 ±3		100 ±5	
包层直径/μm	125 ±2		125 ±3		140 ±5	
工作波长	850	1300	850	1300	850	1300
最大衰减系数 /（dB/km）	2.4 ~ 3.5	0.7 ~ 1.5	2.8 ~ 3.5	0.7 ~ 1.5	3.5 ~ 7.0	1.5 ~ 4.5
最小模式带宽	200 ~ 800	200 ~ 1200	100 ~ 800	200 ~ 1000	10 ~ 200	100 ~ 300
数值孔径	0.20 ±0.02 或者 0.23 ±0.02		0.275 ±0.0015		0.26 ±0.0015 或者 0.29 ±0.03	
应用场合	数据链路、局域网		数据链路、局域网		局域网、传感等	

2.2.2　单模光纤

1. 结构

单模光纤结构如图 2-4 所示。单模光纤的芯径很小，光纤只允许与光纤轴线一致的光线通过，即只允许通过一个基模（LP01 模）。因此，只能传播一个模式的光纤称为单模光纤。标准单模光纤折射率分布与阶跃型的多模光纤相似，只是纤芯比多模光纤小很多，模场直径只有 $9\mu m$ 左右，光线沿轴线传播，传播速度最快，色散使输出脉冲信号展宽最小。纤芯折射率的变化主要是由如 GeO_2 和 F 之类掺杂剂的引入产生的，这两种掺杂剂分别会增大和减小折射率；包层通常是纯的 SiO_2，长距离传输光纤一般相对折射率差 $\Delta(r) \ll 1$。

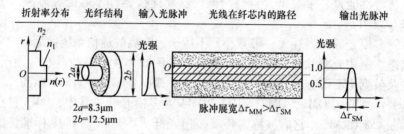

图 2-4　单模光纤结构及传输示意图

2. 分类

20 世纪 80 年代初，单模光纤才被开发出来，单模光纤从根本上解决了光纤带宽受限于模间色散的问题，实现了长距离的传输。之后为了提高传输速率的需求，又相继开发出了一系列单模光纤产品。按照国际电信联盟（International Telecommunication Union，ITU）电信标准分局（ITU‐T）关于光纤类型的建议分类，渐变型多模光纤被称为 G.651 光纤；单模光纤则按照零色散波长和截止波长位移与否被分为六大类，即 G.652 单模光纤（非色散位移光纤）、G.653 光纤（色散位移光纤）、G.654 光纤（截止波长位移光纤）、G.655 光纤（非零色散位移光纤）、G.656 光纤（用于宽带传输的非零色散光纤）、G.657 光纤（用于接入网的低弯曲损耗光纤）等。

（1）G.652 光纤　常规单模光纤（Standard Single Modle Fiber，SSMF），1983 年开始商用，其特点是在 $1.31\mu m$ 波长处色散为零，在 $1.55\mu m$ 波长处衰减较小，但有较大的正色散，大约为 $+18ps/(nm\cdot km)$。G.652 光纤工作波长既可为 $1.31\mu m$，又可为 $1.55\mu m$。G.652 光纤通常被称为"标准单模光纤"或"$1.31\mu m$ 性能最佳单模光纤"。这种光纤是应用最为广泛的光纤，其在世界各地敷设数量最多。根据 G.652 光纤的传输性能又分为 G.652A、G.652B、G.652C、G.652D 四类。其中，G.652A 光纤和 G.652B 光纤是原普通光纤，G.652C 光纤和 G.652D 光纤又称无水峰光纤或全波光纤，如图 2-5 所示。无水峰光纤（或全波光纤）是打开了 1350 ~ 1450nm 的第五窗口，光纤可用于 1260 ~ 1625nm 全波段，消除了 1383nm 处水峰，适用于城域网全波段稀疏波分复用（Coarse Wavelength Division Multiplexer，CWDM）传输。

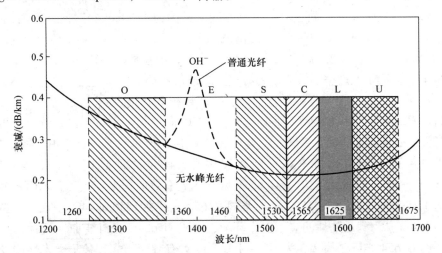

图 2-5　普通光纤（G.652A、B）与全波光纤（G.652C、D）光谱损耗图

G.652 光纤中 A、B、C、D 主要以偏振模色散（PMD）要求和在 1383nm 的水峰要求来区分，见表 2-3；表 2-4 列出了通信光纤的工作窗口。

表 2-3　G652 光纤中 A、B、C、D 四种主要区别

类别	最大 $PMD_Q / (ps/km^{1/2})$	水峰
A	0.5	未规定
B	0.2	未规定
C	0.5	低水峰
D	0.2	低水峰

表 2-4　通信光纤的工作窗口

波段	初始波段	扩展波段	短波段	常规波段	长波段	超长波段
工作波段	O	E	S	C	L	U
工作波长 /nm	1260 ~ 1360	1360 ~ 1460	1460 ~ 1530	1530 ~ 1565	1565 ~ 1625	1625 ~ 1675

（2）G.653 光纤　色散位移光纤（Dispersion – Shifted Fiber，DSF），其特点是在 1.55μm 波长处色散为零，损耗最小。G.653 光纤也分为 A 和 B 两类，A 类

是常规的色散位移光纤，B 类与 A 类类似，只是对光纤中偏振模色散（PMD）的要求更为严格。该类光纤适用于 C 波段长距离单通道传输，波分复用（Wavelength Division Multiplexing，WDM）传输时会产生非线性效应。1983 年开发，1985 年商用，目前已少有敷设。

（3）G.654 光纤　截止波长位移光纤，又称为 1550nm 性能最佳单模光纤。零色散波长在 1300 ~ 1324nm，截止波长较长（通常在 1350 ~ 1580nm），在 1550nm 处具有极小的衰减（目前日本住友公司可达到 0.1419dB/km），1550nm 处色散大，适于低速率、大长度的海底光缆通信系统。G.654 光纤也分为 A、B、C、D、E 等类，主要根据模场直径、色散系数和 PMD 的要求加以区分。A 类是常规的截止波长位移单模光纤，B 类支持 1550nm 波长范围城域网系统，也可用于长距离、大容量 WDM 系统，C 类与 A 类相似，但是对光纤中 PMD 的要求更为严格，可支持高比特率和长距离应用。为满足陆地高速相干传输应用，ITU - T 于 2016 年 11 月推出了 G.654E 陆地用大有效面积光纤，其有效面积典型值为 $110\mu m^2$、$130\mu m^2$、$150\mu m^2$（常规 G.652 光纤在 1550nm 的有效面积典型值为 $80\mu m^2$）。为满足陆地的应用工作环境，要求 G.654E 光纤弯曲性远优于海底应用的 G.654 光纤。表 2-5 为 ITU - T G.654 大有效面积光纤各子类光性能参数对比。

表 2-5　ITU - T 大有效面积 G.654 光纤参数对比

项目		G.654A	G.654B	G.654C	G.654D	G.654E
模场直径/μm	典型值	9.5 ~ 10.5	9.5 ~ 13.0	9.5 ~ 10.5	11.5 ~ 15	11.5 ~ 12.5
	波动范围	±0.7				
光缆截止波长/nm		≤1530				
衰减/（dB/km）		≤0.22	≤0.22	≤0.22	≤0.20	≤0.23
宏弯损耗 R30mm × 100 圈	1550nm/dB	—	—	—	TBD	TBD
	1625nm/dB	≤0.50	≤0.50	≤0.50	≤2.0	≤0.1
色散系数/[ps/（nm·km）]		≤20	≤22	≤20	≤23	17 ~ 23

注：TBD，建议值待定。

（4）G.655 光纤　非零色散位移光纤（NZ - DSF），这是一种改进的色散位移光纤，在 1550nm 波长上有一定的色散值，可抵制四波混频等非线性效应，适用于 C、L 波段长距离密集型光波复用（Dense Wavelength Division Multiplexing，DWDM）传输。G.655 光纤分为 A、B、C、D、E 等类，应用于信道间距为 200GHz、100GHz、50GHz 和 25GHz 等情况。G.655B 光纤和 G.655C 光纤的 PMD 值在 STM - 64 系统中至少要传输 40km，同时还要支持海底光缆的应用，而当 G.655C 光纤的最大 PMD_Q 值为 $0.2ps/\sqrt{km}$ 时，可支持 10Gbit/s 波长速率 DWDM

系统传输距离达 3000km 以上。G. 655D 光纤在 1460～1625nm 波长范围内的色散系数要求定义为对波长的一对限制性曲线，对大于 1530nm 的波长而言，色散为正且幅度足以抑制多数非线性损害，对小于 1530nm 的波长而言，色散系数为负值，但光纤在高于 1470nm 的信道可用于支持 CWDM。G. 655E 光纤采用与 G. 655D 光纤相同的方式定义色散特性，但其取值更高，有利于通道间隔较小的系统，在 1460nm 以上的波长，其光纤色散系数为正值。

（5）G. 656 光纤 用于宽带传输的非零色散光纤，光纤零色散点在 S 波段的短波侧。在 1460～1624nm 波长范围具有大于非零值的正色散系数值，能有效抑制密集波分复用系统的非线性效应，其最小色散值在 1460～1550nm 波长区域为 1.00～3.60ps/（nm·km），在 1550～1625nm 波长区域为 3.60～4.58ps/（nm·km）；最大色散值在 1460～1550nm 波长区域为 4.60～9.28ps/（nm·km），在 1550～1625nm 波长区域为 9.28～14ps/（nm·km）。这种光纤非常适合于 1460～1624nm（S＋C＋L）三个波段波长范围的粗波分复用和密集波分复用，大大提高了光纤容量。与 G. 652 光纤相比，G. 656 能支持更小的色散系数，与 G. 655 光纤相比，G. 656 光纤能支持更宽的工作波长。G. 656 光纤可保证通道间隔 100GHz、40Gbit/s 系统至少传输 400km。

（6）G. 657 光纤 用于接入网的低弯曲损耗光纤，为适应光纤到户（FTTH）的发展，开发了对弯曲损耗不敏感的光纤，容许的弯曲直径小，弯曲损耗低。G. 657 光纤分为 G. 657A 光纤和 G. 657B 光纤两类，G. 657A 光纤需要与常规的 G. 652D 光纤完全兼容，弯曲半径可小到 10mm，G. 657B 并不强求与 G. 652D 光纤完全兼容，但在弯曲性能上有更高的要求，弯曲半径可以小到 7.5mm。

2.3　光纤的光传输原理

由物理学可知，光具有粒子性和波动性，因而在分析光学现象时，常使用把光作为光线处理的几何光学方法和把光作为波动处理的波动光学方法。前者是一种近似的分析方法，它适用于对光学现象进行定性分析，对光纤半径远大于光波长的多模光纤能提供很好的近似；后者是一种适用于对光学现象进行定量分析的方法，特别是分析单模光纤，可以获得较严密的解。

2.3.1　几何光学传输理论

光是人们都熟悉的一种自然物理现象。光波与通信用的无线电波一样，也是一种电波，所不同的是其波长比无线电波的波长短得多，或者说它的频率非常高，可达到 $10^{14}～10^{15}$Hz。光波与其他波长的电磁波一样，在真空中的传播速度

为 $c = 3 \times 10^8 \, \text{m/s}$。因此可以采用光波长 $\lambda \to 0$ 时的几何光学进行分析。一条非常非常细的光束，它的轴线就是光射线，它代表光能量传输的方向。光在同一介质中是沿直线传播的，而遇到两种不同介质的交界面时会发生反射和折射。

1. 光的反射和折射

如图 2-6 所示，MM' 是两种不同媒质的交界面，NN' 是 MM' 面的法线，折射率 $n_1 > n_2$，当光线射到界面时会有一部分反射，一部分折射。

反射服从反射定律 $\angle\phi_1 = \angle\phi_1'$；折射服从折射定律，即斯涅尔定律 $\dfrac{\sin\phi_1}{\sin\phi_2} = \dfrac{n_2}{n_1}$。

由于 $v = c/n$，因此 $\dfrac{\sin\phi_1}{\sin\phi_2} = \dfrac{v_1}{v_2}$，也可以看出 $\dfrac{n_2}{n_1} = \dfrac{v_1}{v_2}$。可得出，物质的折射率越大，传光速度越小。

2. 光的全反射

当光线从折射率大的介质进入折射率小的介质时，根据折射理论，折射角将大于入射角，如图 2-6a 所示；当入射角增大时，折射角也随之增大，如图 2-6b 所示；当入射角增大到某一角度 ϕ_0 时，如图 2-6c 所示，折射角 $\angle\phi_2 = 90°$，此时的入射角 ϕ_0 称为临界角。

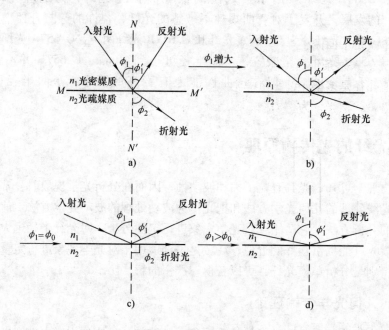

图 2-6　光的反射和折射

在临界状态下 $\dfrac{\sin\phi_0}{\sin 90°} = \dfrac{n_2}{n_1}$，所以临界入射角 $\phi_0 = \arcsin\left(\dfrac{n_2}{n_1}\right)$。

当入射角 ϕ_1 大于 ϕ_0 时，光由介质的界面按 $\phi_1 = \phi_1'$ 的角度全部反射回玻璃中，这种现象叫作全反射，光纤就是利用这种折射率安排来传导光的。光纤纤芯的折射率高于包层折射率，在纤芯与包层的分界面上，光发生全反射，沿着光纤轴线曲折前进，如图 2-7 所示。

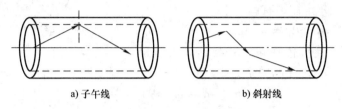

a) 子午线 　　　　　　　　　 b) 斜射线

图 2-7　子午光线和斜射线

在光纤中传输的光线，按其传播路线的不同，可分为两大类，即子午光线和斜射线。

1）一般将通过光纤轴线的平面称作子午面，而把在传输过程中总是位于子午面内的光线称为子午线，如图 2-7a 所示。

2）把传输过程中不通过光纤轴线的光线称为斜射线，如图 2-7b 所示。

子午线是平面曲线，斜射线是空间曲线。

3. 光的入射条件和数值孔径

数值孔径是多模光纤一个非常重要的参数，它体现了光纤和光源之间的耦合效率，以阶跃型光纤为例，图 2-8 所示为光源发出的光进入光纤的情况。

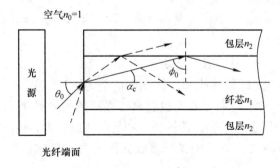

图 2-8　光源出射光与光纤的耦合

光源与光纤端面之间存在着空气缝隙，入射到光纤端面上的一部分光是不能进入光纤的。而能进入光纤端面内的光也不一定能在光纤中传输，只有符合特定条件的光才能在光纤中发生全反射而传播到远方。由图2-8可知，只有从空气缝隙到光纤端面的入射角小于 θ_0，入射到光纤里的光线才能传播。如图2-9所示，实际上 θ_0 是一个空间角，也就是说，如果光从一个限制在 $2\theta_0$ 的锥形区域中入射到光纤端面上，则光可被光纤捕捉。

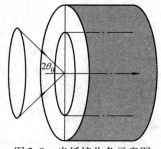

图2-9 光纤接收角示意图

设空气的折射率为 n_0，在空气与光纤端面上运用斯涅尔定律，有

$$n_0 \sin\theta_0 = n_1 \sin\alpha_c \qquad (2\text{-}1)$$

式中 α_c——连接传播角。α_c 与临界入射角 ϕ_0 之间的关系为

$$\alpha_c + \phi_0 = 90° \qquad (2\text{-}2)$$

可得

$$\sin\theta_0 = \frac{n_1}{n_0}\sin\alpha_c = \frac{n_1}{n_0}\cos\phi_0 = \frac{n_1}{n_0}\left(1 - \sin^2\theta_0\right)^{1/2} = \frac{n_1}{n_0}\left[1 - \left(\frac{n_2}{n_1}\right)^2\right]^{1/2}$$

$$(2\text{-}3)$$

对空气，有 $n_0 \approx 1$，故有

$$\sin\theta_0 = \left(n_1^2 - n_2^2\right)^{1/2} \qquad (2\text{-}4)$$

显然，θ_0 越大，即纤芯和包层的折射率之差越大，光纤捕捉光的能力越强，而参数 $\sin\theta_0$ 直接反映了这种能力，称 $\sin\theta_0$ 为光纤的数值孔径（Number Aperture，NA），有

$$NA = \sin\theta_0 = \left(n_1^2 - n_2^2\right)^{1/2} \qquad (2\text{-}5)$$

式中 θ_0——最大接收角。

实际上 n_1 与 n_2 相差很小，可设 $n_1 + n_2 \approx 2n_1$，并定义 $\Delta = (n_1 - n_2)/n_1$ 为相对折射率差，则

$$NA = \sin\theta_0 \approx n_1\sqrt{2\Delta} \qquad (2\text{-}6)$$

NA 表征了多模光纤的接收和传输光能的能力，NA 越大，光纤接收光的能力越强，从光源到光纤的耦合效率也越高，光纤的抗弯性能也越好。但 NA 越高，光纤的模式色散也越严重，传输光脉冲的畸变也越大，使得光纤传输带宽变窄。因此 NA 取值的大小要兼顾光纤接收光的能力和模式色散，一般多模光纤 NA 为 $0.18 \sim 0.24$。

综上所述，光纤之所以能够导光就是利用纤芯折射率略高于包层折射率的特点，使落于数值孔径角（θ_0）内的光线都能被收集到光纤中，并在芯包边界以内形成全反射，从而将光限制在光纤中传播，这就是光纤的导光原理。

2.3.2 波动理论分析

波动理论是描述光波在光纤中传输的确切方法。下面以阶跃折射率光纤为例，对波动理论的光传输原理作一简要介绍，由麦克斯韦方程可求得光在纤芯为均匀石英玻璃介质波导中传输的波动方程为

$$\nabla^2 E = -\beta^2 E$$
$$\nabla^2 H = -\beta^2 H \tag{2-7}$$

式中 β——波长是 λ 的电磁波在真空中的传播常数，$\beta = 2\pi/\lambda$。

在纤芯和包层中的传播常数分别是 $\beta_1 = n_1 2\pi/\lambda$，$\beta_2 = n_2 2\pi/\lambda$。一个传播常数决定一种电磁场分布，即一种模式。求得各传输模式的传播常数并求解上述波动方程。根据边界条件"纤芯与包层界面电磁场的切向分量连续"，求得传播常数的本征方程为

$$(E_1 + E_2)(\beta_1^2 E_1 + \beta_2^2 E_2) = n^2 \beta_2 \left(\frac{1}{u^2} + \frac{1}{\omega^2} \right) \tag{2-8}$$

为便于书写，式中引入

$$E_1 = \frac{J'_n(u)}{u J_n(u)}, \quad E_2 = \frac{k'_n(\omega)}{\omega k_n(\omega)}$$
$$u = \beta_{1x} a, \quad \omega = \beta_{2x} a$$

由波动方程还可解得方程

$$\begin{cases} \beta_1^2 = \beta_z^2 + \beta_{1x}^2 \\ \beta_2^2 = \beta_z^2 - \beta_{2x}^2 \end{cases} \text{以及} \begin{cases} \beta_{1x} = \beta_1 \cos\theta \\ \beta_z = \beta_z \sin\theta \end{cases} \tag{2-9}$$

式中 a——纤芯半径；

β_{1x}——纤芯中 x 轴的传播常数分量；

β_{2x}——包层中 x 轴的传播常数分量；

β_z——z 轴方向的传播常数；

$J_n(u)$——贝塞尔函数；

$k_n(\omega)$——汉克尔函数；

θ——模式特征角。

由式（2-9）可知，模式特征角亦是由传播常数决定的。特征角为 ϕ 的模式与入射角为 ϕ_1 的光线相对应。光纤中的传播常数与特征角的关系如图 2-10 所示。

由式（2-10）和式（2-11）

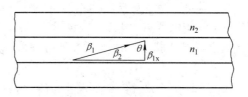

图 2-10 光纤中的传播常数

可确定传播常数 β_1、β_2 及其分量 β_{1x}、β_{2x}、β_z。因为贝塞尔函数 $J_n(u)$ 有无数个根，所以传播常数就有无数个不连续的值，即有无数个传播模式。但是，只有满足全反射条件的那些模式才能在光纤中传播，故称其为传导模。对于那些不满足全反射条件的模式，其电磁场不限于光纤芯区而可径向辐射至无穷远，则称其为辐射模。此外，还有一些不处在通过光纤轴线平面内的斜光线，由于它部分满足全反射条件，因此沿传播方向有衰减的泄漏模。

在波动理论中，与临界全反射条件相对应的是模式截止条件。由本征方程可以解得模式截止时的 u 值为 u_c，应是贝塞尔函数的根，即

$$J_n = (u) = 0 \tag{2-10}$$

各个模式的 J 值分别与贝塞尔函数的根相对应。表 2-6 列出了 $0 \sim 4$ 阶贝塞尔函数的前两个根值。

表 2-6　$0 \sim 4$ 阶贝塞尔函数的根值

	J_0	J_1	J_2	J_3	J_4
U_{n1}	2.41	3.83	5.13	6.38	7.58
U_{n2}	5.52	7.01	8.42	9.76	11.66

由式（2-9）还可得出

$$(\beta_{1x}a)^2 + (\beta_{2x}a)^2 = (\beta_1^2 - \beta_2^2)a^2 = \left(\frac{2\pi a}{\lambda}\right)^2(n_1^2 - n_2^2) \tag{2-11}$$

等式左边项为待求的传播常数，右边项是由光纤结构参数和光信号波长决定的，故以 V^2 代替，即

$$V = \frac{2\pi a}{\lambda}\sqrt{n_1^2 - n_2^2} = \frac{2\pi a}{\lambda}n_1\sqrt{2\Delta} = \frac{2\pi a}{\lambda}NA \tag{2-12}$$

V 称为归一化频率。它是给定波长下表征光纤传输特性的重要参数。

由式（2-8）、式（2-11）和式（2-12）可得

$$u^2 + \omega^2 = V^2 \tag{2-13}$$

这样，在光纤中传输的各个模式的 u 值始终小于光纤的 V 值，而当 u 值等于 V 值时模式截止，即 $u_c = V$。

在一般情况下，$u = u_\infty e^{-1/V}$，因此模式的传播常数是由光纤的 V 值决定的。式中 u_∞ 表示模式远离截止状态时的 u 值，当 $V \to \infty$ 时，$u = u_\infty$，即 V 值非常大时模式远离截止状态。由本征方程可解得 u_∞ 也是贝塞尔函数的根，即

$$J_{n+1}(u_\infty) = 0 \qquad \text{或} \qquad J_{n-1}(u_\infty) = 0 \tag{2-14}$$

图 2-11 所示为前几个模式的 u 值与光纤的 V 值间的关系曲线。

由图 2-11 可看出：

1）当模式截止时 $u_c = V$，全部模式的 u_c 值都落在 45° 线上。

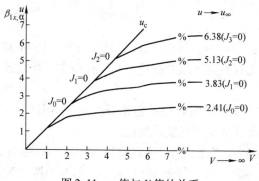

图 2-11 u 值与 V 值的关系

2）HE_c 的 $u_c = 0$，而其他的 $u_c > 2.41$；这样当 $V < 2.41$ 时，光纤中只有 HE_{11} 模能传输，这就是单模传输。那么 $V < 2.41$ 则是单模光纤的设计基础。

3）当 V 值增大且大于某个模式的 u_c 值后，该模式就会出现。例如，当 $u_c > 2.41$ 时，TM_{01}、TE_{01}、HE_{z1} 模出现；当 $u_c > 3.83$ 时，又出现了三个模式。因此，光纤的 V 值决定了光纤中能传输的模式及其总数（$N = V^2/2$）。例如，常用的多模光纤芯半径 $a = 25\mu m$，$NA = 0.2$，工作波长 $= 0.85\mu m$，由式（2-12）可求得 $V = 37$，则其传输模式的总数 $N/V = 684.5$ 个。

4）u_c 值小的模式，即模次小的模式称为低次模，其中 HE_{11} 称为基模。

5）模式的 u 值随 V 值的变化而变化，由于 V 值是波长 λ 的函数，所以传播常数随波长而变化。

2.4 光纤的特性

光纤的特性主要包括传输特性和力学性能，而传输特性主要是衰减特性和带宽（色散）特性，传输特性直接影响光缆通信的中继距离和传输容量，光纤的使用寿命则与力学性能密切相关。在大容量传输系统中，光纤的非线性也很重要。

2.4.1 光纤传输特性

1. 光纤的损耗

1）损耗的表示。光纤的损耗是衡量光纤传输特性的一个重要指标。如果入纤功率为 P_{in}，经过一段距离 L 后输出功率为 P_{out}，则

$$P_{out} = P_{in}e^{-\alpha L}$$

（2-15）

式中　α——损耗常数，习惯采用 dB/km 来表示光纤的传输损耗，即

$$\alpha = -\frac{1}{L}10\lg\frac{p_{out}}{p_{in}} \tag{2-16}$$

2）导致损耗的原因。光纤损耗可以被归类为本征的和非本征的。前者包括石英玻璃的吸收和瑞利散射导致的损耗，而后者则主要是由杂质吸收和弯曲引起的损耗。

（1）吸收损耗　光纤的吸收损耗包括石英光纤本身吸收造成的损耗和石英光纤中存在其他杂质而造成的光吸收损耗。

1）本征吸收损耗。当光波通过光纤材料时，就有一部分光能被吸收消耗掉而转变成其他形式的能，即使完全纯净的石英光纤也有吸收损耗。这种由于石英光纤材料本身吸收而形成的损耗是光纤材料固有的，称为材料固有吸收损耗，即本征吸收损耗。

本征吸收是由于紫外区的电子跃迁和从近红外到远红外区的晶格振动或多声子过程引起的吸收带。前者对大于 $0.6\mu m$ 的光波段影响不大，而后者可以通过合理选择掺杂材料等来减小它的影响。

2）杂质吸收损耗。杂质吸收损耗是由光纤材料的不纯净和工艺的不完善引入杂质时造成的附加损耗。其中影响最严重的有两种，一种是过渡金属离子吸收损耗，另一种是水的氢氧根离子吸收损耗。

过渡金属离子吸收损耗主要是对铁、铜、锰、镍、钴、铬过渡金属杂质的吸收，它们都会对光纤传输的光波产生很大的损耗。这些杂质离子主要是在光纤传输的电磁场（光波）的作用下产生振动，从而吸收一部分光能，引起损耗。它们的影响可以随杂质浓度的降低而减小，直到清除。

OH^- 根离子与光纤的 SiO_2 分子结合，在光纤通信波段内构成一系列吸收带。其中最主要的吸收带在 $1.38\mu m$、$1.24\mu m$ 和 $0.95\mu m$ 处。OH^- 离子对长波长（$1.38\mu m$）附近的振动吸收特别强烈，这对长波长通信是不利的。在 $1.38\mu m$ 波长，含量为 ppm 量级的 OH^- 离子产生的吸收峰损耗高达几十 dB/km，并持续很长一段时间，由于 $1.38\mu m$ 波长附近 OH^- 离子吸收峰的影响，造成光纤在 $1360 \sim 1460nm$ 有 100nm 的波长范围无法使用，不过，随着科技的发展和工艺的不断提高，OH^- 离子的含量不断降低，其吸收峰基本消失，得到如图 2-12 中虚线所示的曲线。$1.31\mu m$ 波长窗口和 $1.55\mu m$ 波长窗口不再被 OH^- 吸收峰隔开，因此得到一个很宽的低损耗波长窗口，有利于波分复用。

（2）散射损耗　光线通过均匀透明介质时，从侧面是难以看到光线的。但若光通过密度或折射率分布不均匀的物质时，除了在光的传播方向以外，在其他方向也可以看到光，那么这种现象称为散射。

散射损耗是由于光纤的材料、形状、折射率分布等的缺陷或不均匀，使光纤中传导的光发生散射而产生的损耗。

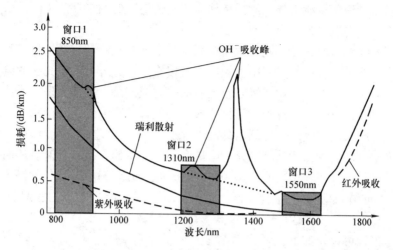

图 2-12　光纤对不同波长光波的损耗

散射损耗中，主要是瑞利散射和结构缺陷散射对光纤通信的影响较大。

1）瑞利散射。在光纤的制造过程中，热骚动使原子产生压缩性的不均匀性或压缩性的起伏，这使得物质的密度不均匀，进而使折射率不均匀。这种不均匀性或起伏在冷却过程中被固定下来。这些不均匀尺寸比光波长还小。当光纤中传播的光照射在这些不均匀微粒上时，就会向各个方向散射。人们把这种粒子尺寸比波长小得多时的散射称为瑞利散射。

瑞利散射引起的损耗与 λ^{-4} 成正比。从图 2-12 可以看出，这种损耗随着波长的增加而急剧减小。对于短波长光纤，损耗主要取决于瑞利散射损耗。瑞利散射损耗也是一种本征损耗，它和本征吸收损耗一起构成光纤损耗的理论极限值。在 1550nm 窗口，二氧化硅中的瑞利散射损耗约为 0.10dB/km，这种损耗率约占到总损耗的 70% 以上。玻璃中的掺杂剂会增加散射损耗，散射损耗与掺杂浓度成正比。光纤中的压力和不均匀性可能带来附加的瑞利散射损耗。在制造过程中，这些压力通常可以通过对沉积速度、温度和张力的精细控制实现最小化。

2）结构缺陷散射损耗。在光纤制造过程中，由于工艺、技术问题以及一些随机因素，可能造成光纤结构上的缺陷，如光纤的纤芯和包层的界面不完整、芯径变化、圆度不均匀、光纤中残留气泡和裂痕等。这些结构上不完善处的尺寸远大于光波波长，引起与波长无关的散射损耗。

（3）其他损耗　除了吸收损耗和散射损耗，引起光纤损耗的主要原因还有光纤弯曲损耗和连接损耗等。当理想的圆柱形光纤受到某种外力作用时，会产生一定曲率半径的弯曲，当光纤弯曲的曲率半径很小时，将会改变光在光纤中的传播途径，使光从纤芯渗透到包层，引起能量泄漏到包层，甚至有可能穿过包层向外泄漏掉，这种能量泄漏导致的损耗称为弯曲损耗。弯曲损耗产生的原因实际上是光不满足全内反射条件造成的。

根据光纤的弯曲程度不同，弯曲损耗可分为微弯损耗和宏弯损耗。光纤在涂覆、成缆、挤护套、安装过程中机械压力直接作用在光纤上，使光纤的侧面受到不均匀外力作用，而产生微米级芯包界面的凸起或凹陷，其轴心发生偏移，振幅小于光纤直径，它们沿光纤长度随机分布，各偏移的间隔约为几微米，于是基模光功率沿光纤长度连续地从光纤内部向外辐射，这种基模传播随着随机弯曲而变形，称为微弯。这种微弯使基模光功率耦合到较高阶模，接着辐射，从而导致微弯损耗。通常光纤存在微弯时，1550nm 波长的损耗比 1310nm 波长的高 3~5 倍，而且 1550nm 波长对微弯特别敏感。此外，温度变化产生的压力也易发生微弯损耗。

微弯损耗可计算如下：

$$A_m = N\langle h^2 \rangle - (a^4/b^6 \cdot \Delta^3)(E/E_f)^{3/2} \qquad (2-17)$$

式中　N——随机出现的微弯个数；

　　　h——微弯凸起的高度；

　　　$\langle\ \rangle$——统计平均符号；

　　　a——纤芯半径；

　　　b——光纤外径；

　　　Δ——光纤芯/包层相对折射率差；

　　　E——涂覆层弹性模量；

　　　E_f——光纤弹性模量。

宏弯损耗是指由整个光纤轴线的弯曲造成的损耗，宏弯损耗对弯曲半径比较敏感，对于折射率突变型单模光纤，其衰减系数与弯曲半径成指数关系，假如在临界值附近，弯曲半径如果增大一倍，则其损耗值可忽略不计，而减小的话就会超过允许值。另外，光纤的弯曲半径会影响到光纤的寿命。

针对给定的光纤（其折射率差、工作波长、截止波长一定），临界曲率半径可由式（2-18）计算。

$$R_c \approx 20(\lambda/\Delta^{1/2}) \cdot (2.748 - 0.996 \cdot \lambda/\lambda_c)^{-3} \qquad (2-18)$$

式中　λ——工作波长；

　　　λ_c——截止波长；

　　　Δ——光纤芯/包层相对折射率差。

图 2-13 所示为两种模场直径的光纤在不同的弯曲半径下在 1550nm 引起的损耗。此外，不同模场直径（Mode Field Diameter，MFD）光纤弯曲敏感度也不同，图 2-13 所示为当弯曲半径为 10mm 时，MFD 增加 0.36μm 会使弯曲损耗增加 5 倍。

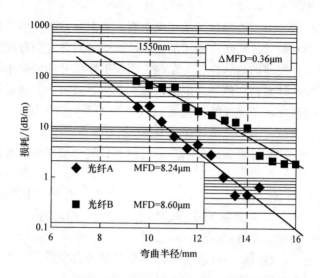

图 2-13 弯曲半径对损耗的影响

在光缆的生产、接续和施工过程中，不可避免地会出现弯曲，因此，为降低微弯损耗，应避免直接从光纤侧面对其施加压力，可以采用缓冲或套管结构，在光缆布设及接续时，也必须注意不要出现比光纤的容许曲率半径还小的弯曲。

光纤生产参数也会影响灵敏度。优化包层材料和增加包层的直径能解决一些光纤弯曲损耗方面的问题。

连接损耗则是指两段光纤之间通过熔接等方式连接在一起时产生的衰减，而模场直径不匹配的光纤连接损耗较大。

此外，光纤非线性效应引起的拉曼散射和布里渊散射也会产生附加的散射损耗。

图 2-14 所示为光在光纤传输时可能产生的各种损耗。

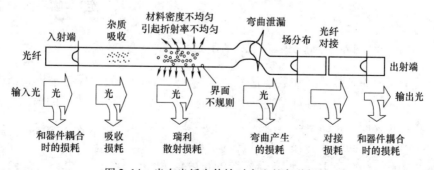

图 2-14 光在光纤中传输时产生的各种损耗

2. 色散

色散是光纤的一个重要参数。从现象上看，色散导致光纤中的信号在传输过程中产生失真，并随着传输距离的增加越来越严重。对数字信号而言，色散会造成光脉冲的展宽，致使前后脉冲相互重叠，引起数字信号的码间串扰，造成误码率增加；对模拟信号而言，色散会限制带宽，产生谐波失真，使得系统的信噪比下降。因此，色散决定了光纤的传输带宽，限制了系统的传输速率或中继距离。从理论上分析，色散是由于光波中的不同成分（如不同模式、不同频率）以不同速度传输而产生不同延迟的一种物理效应。光纤的色散主要分为模式色散、材料色散和波导色散。

（1）模式色散　一般存在于多模光纤中，多模光纤的纤芯直径比较大，光源入射到纤芯中的光以一组独立的光线传播。这组光线以不同的入射角传播，入射角的范围从0°（直线）到临界传播角，如图 2-15 所示。将这些以不同传播角传输的光线称为不同模式。在多模光纤中可以传播数百个模式的光波，显然，以临界传播角入射的光线经历的路程最长，所以它到达终点所用的时间最长；而与光纤横截面垂直入射的光线传播速度最快，用时最短。

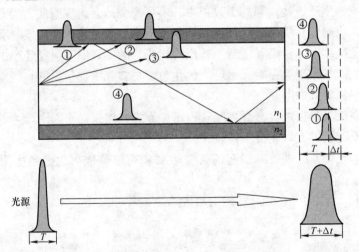

图 2-15　脉冲因多个模式的存在而引起的展宽–模式色散

对于入射的光脉冲（在数字信号中表示 1），它可以分解成各个模式所携带的一组脉冲，由于它们各自在光纤中传输的时间不同，所以到光纤的输出端，各个模式的光脉冲组合起来，就形成了一个脉宽增加的光脉冲。

将因多个不同模式的存在而引起脉冲展宽称为模式色散或模间色散。下面计算脉冲展宽，如图 2-16 所示，设光纤的长度为 L，最低模式（也称为基模）沿中心轴线到达光纤输出端所需时间为

$$t_0 = \frac{L}{v} \tag{2-19}$$

式中　$v = \dfrac{c}{n_1}$ ——光在折射率为 n_1 的纤芯中传输的速度；

　　　　c ——真空中的光速传输。

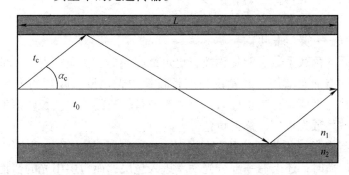

图 2-16　子午光线在光纤中的传播

最高模式（以临界角传播的光线）所需时间为

$$t_c = \frac{L}{v\cos\alpha_c} \tag{2-20}$$

式中　$\cos\alpha_c = \dfrac{n_2}{n_1}$。

脉冲展宽为

$$\Delta t = t_c - t_0 = \frac{L}{v}\left(\frac{1}{\cos\alpha_c} - 1\right) = \frac{Ln_1}{c}\left(\frac{n_1 - n_2}{n_2}\right) \tag{2-21}$$

若 $\Delta = \dfrac{n_1 - n_2}{n_2}$ 为相对折射率，则式（2-21）可以表示为

$$\Delta t = \frac{Ln_1}{c}\Delta \tag{2-22}$$

很显然，如果光纤中传输的光只有零级模式，则可以消除模间色散；如果减小纤芯直径的尺寸，则可以减少模式数量。另外由式（2-22）可知，减小相对折射率也可以有效地控制模间色散，这些都是单模光纤设计的基本思路。

（2）材料色散　光纤材料的折射率随光波长的变化而变化，从而引起脉冲展宽的现象称为材料色散。光纤通信中实际使用的光源发出的光并不是单一波长，而是具有一定谱线宽度的。当具有一定谱线宽度的光源所发出的光脉冲入射到光纤内传输时，不同波长的光脉冲将有不同的传播速度，在到达出射端时将产生时延差，从而使脉冲展宽。这就是材料色散的机理。即使在单模光纤内，光经过完全相同的路径，也会发生脉冲展宽。

材料色散的单位长度脉冲展宽可以表示为

$$\Delta\tau = \frac{\Delta t}{L} = |D_m(\lambda)|\Delta\lambda \qquad (2\text{-}23)$$

式中　$D_m(\lambda)$——材料色散系数，单位为 $ps/(nm \cdot km)$；

Δt——光源的线宽；

$\Delta\lambda$——光源辐射光的波长范围；

L——光纤长度。

一根光纤的色散系数可能是正数，也可能是负数。在光纤中，群时延 $\tau(\lambda)$ 随载波波长的增加而增加，或者说当波长较长的光比波长较短的光传播速度慢时，色散系数为正值，称为正色散；反之当波长较长的光比波长较短的光传播速度快时，色散系数为负值，称为负色散。

（3）波导色散　由光纤的几何结构决定的色散，故也称为结构色散。由于光在纤芯内传播时，还会有一部分光功率进入包层，而包层中光的传播速度比纤芯中的快（因为包层折射率小于纤芯折射率）。这样就会出现时延差，使脉冲展宽。

波导色散引起的单位长度脉冲展宽可以表示为

$$\Delta\tau = \frac{\Delta t}{L} = |D_w(\lambda)|\Delta\lambda \qquad (2\text{-}24)$$

式中　$D_w(\lambda)$——波导色散系数。

三种色散大小有下列关系：模式色散 >> 材料色散 > 波导色散。

在多模光纤中三种色散都存在，但模式色散占主要地位，由于波导色散很小，故一般将其忽略不计。而在单模光纤中一般不存在模式色散，只存在材料色散和波导色散，此时波导色散的影响程度就不容忽略了。通常把波导色散和材料色散的综合称为色度色散，图 2-17 所示为单模光纤的色度色散（又称色散系数 CD）。

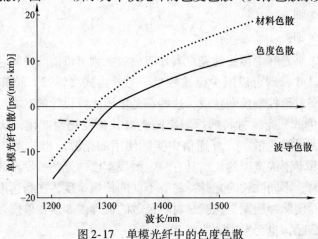

图 2-17　单模光纤中的色度色散

（4）偏振模色散　极化色散也称为偏振模色散，从本质上讲偏振模色散属于模间色散，这里仅给出粗略概念。偏振是与光的振动方向有关的光性能。光纤中的光传输可描述为完全是沿 x 轴振动和完全是沿 y 轴振动或一些光在两个轴上的振动，每个轴代表一个偏振"模"，如图 2-18 所示。两个偏振模的到达时间差称为偏振模色散（Polanzation Mode Dispersion，PMD）。

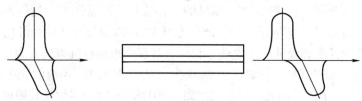

图 2-18　正交偏振极化模传输示意图

光信号在单模光纤中只传输一种模式的光，也就是基模，基模由相互垂直的两个极化模构成，在传输过程中极化模的轴向传播常数 β_x 和 β_y 往往不等，从而造成光脉冲信号在输出端出现展宽现象。理想的单模光纤其折射率分布应该是沿轴均匀分布的，但在实际的光纤中，由于光纤制造工艺造成纤芯截面存在一定程度的椭圆度，或是由于材料热膨胀系数的不均匀性造成截面上各向异性的应力而导致光纤折射率的各向异性，出现双折射现象，引起脉冲展宽。

偏振模色散由于传输光纤的环境变化而发生波动，具有随机性。传输时延情况如下：

$$\tau_{xy} = \tau_x - \tau_y = \frac{d\beta_x}{d\omega} - \frac{d\beta_y}{d\omega} = \frac{n_x - n_y}{c} + \frac{\dfrac{dn_x}{d\omega} - \dfrac{dn_y}{d\omega}}{c} \cdot \omega \tag{2-25}$$

式中　τ_{xy}——表示群时延；

τ_x——x 轴方向时延；

τ_y——y 轴方向时延；

n_x——x 轴方向折射率；

n_y——y 轴方向折射率；

β_x——光波的 x 轴方向传播常数；

β_y——光波的 y 轴方向传播常数；

c——真空中的光传播速度，单位为 m/s；

ω——光波的角频率，单位为 rad/s。

偏振模色散被称作单模光纤中的"多模色散"，造成单模光纤中 PMD 的内在原因是纤芯椭圆度和残余内应力，外因则是成缆和敷设过程中各种作用力引起的 PMD。PMD 对低速率光传输的影响可忽略不计，甚至没有列入早期的光纤性能指标中，但随着系统传输速率的提升，偏振模色散的影响逐渐显现出来，成为继衰减、色散后限制传输速度和距离的又一个重要因素。

由于影响 PMD 的诸多因素具有随机性，因而由 PMD 引起的差分群时延（Differential Group Delay，DCF）是统计平均值，服从 Maxwellian 分布，一般认为 DCF 应小于比特周期的 10% 才能保证系统性能基本不受 PMD 影响。PMD 与色度色散（CD）不同，色度色散对某种光纤而言是固定的，因此可以用 DCF（色散补偿光纤）来补偿。而 PMD 则是随机的，补偿起来非常困难，所以对于高速光通信系统，需要尽可能降低 PMD。改善光纤 PMD 的措施有改进光纤的制造工艺来提高光纤的圆度和尺寸的一致性，在拉丝过程中采用自旋方式人为地引入固定的模耦合等。如今 PMD 系数已大幅减少，从早期的 $0.5\,\mathrm{ps/km^{1/2}}$ 降到目前的 $0.04\,\mathrm{ps/km^{1/2}}$，最优异的光纤可以控制到 $0.001\,\mathrm{ps/km^{1/2}}$。尽管光纤的成缆工艺对 PMD 影响不大，但还应注意避免光缆结构对光纤产生压力和应力，松套管结构的光纤不太会引起 PMD 的增加。目前 ITU 规定的 $\mathrm{PMD_Q}$ 的值至少应降低到 $0.1\,\mathrm{ps/km^{1/2}}$ 以下才是合理的。

3. 光纤的非线性效应

在常规光纤系统中，当光纤中的光场强度较弱时，光纤的各种特征参量随光场做线性变化，光波在光纤中传播时各个光频分量不存在相互作用。表征光纤特性的主要参数，如折射率等是与光波强度无关的常数，光纤一般呈现线性传输的特性。但是，采用光纤放大器后，光纤中的功率密度大大增加，当入射到光纤中的光功率增大到某一阈值时，光纤对光的响应将呈现非线性。光纤中的非线性效应是指光和物质相互作用时发生的一些现象，即光使得传输介质的特性发生了变化，而光纤特性的改变又反过来影响了光场。

光纤中的非线性效应分为折射率起伏（或称参量过程）和受激散射（或称非参量过程）两大类。折射率起伏含有自相位调制（Self Phase Modulation，SPM）、交叉相位调制（Cross Phase Modulation，XPM）、四波混频（Four Wave Mixing，FWM）；而受激散射分为受激拉曼散射（Stimulated Raman Scattering，SRS）和受激布里渊散射（Stimulated Brillouin Scattering，SBS）。

1）自相位调制（SPM）是指当输入光信号的光强变化时，光纤的折射率也随之改变，从而引起光波自身相位产生变化，与光纤的色散相位结合后，将导致光波频谱展宽，并随长度的增加而积累。SPM 对高速窄脉冲的传输影响较大。

2）交叉相位调制（XPM）是指当两个或多个不同波长的光波同时在光纤中传输时，某信道的非线性相移不仅依赖于该信道本身的功率变化，而且与其他信道的功率相关，导致某个波长光信号的相位受到其他波长光信号功率的调制，引起信道间的串音。

XPM 虽然与 SPM 都是以相同的方式影响着系统性能，但由于交叉调制项的系数较大，所以其他信道对本信道的影响程度更严重，在波分复用系统中，XPM

成为一个重要的限制。

3）四波混频（FWM）是指当多个共有较强功率的光波长信号在光纤中混合传输时，由于介质的非线性，将导致产生新的波长部分，这个过程既要满足能量守恒，又要满足动量守恒，也就是相位匹配条件。所以四波混频不仅会导致信道的光能损耗和信噪比下降，还会产生信道干扰，限制光纤系统的容量。

4）自相位调制、交叉相位调制、四波混频的能量和动量交换发生在光子之间。光纤中存在另外一种非线性现象，可以导致受激散射现象，入射光波受到介质中分子振动的调制，产生散射光波。随着入射光沿着光纤的传播，不断地将能量传递给散射光，散射光强度沿光纤长度不断增强。受激散射可以分为受激拉曼散射和受激布里渊散射。受激拉曼散射的产生原因为当较强功率的光入射到光纤中时，会引起光纤材料中的分子振动，对入射光产生散射作用。受激布里渊散射的产生原因与受激拉曼散射相似，但会引起光纤材料中的声子振动，散射方向与光传输方向相反，产生大量后向传输的波，造成不良影响。

折射率起伏类非线性效应的发生需要满足一定的相位匹配条件，因而抑制其产生的措施可以是适当增大光纤的色散。受激散射类非线性效应产生不需要相位匹配条件，而是有一个阈值功率，只有超过此值时才会发生，在通常的光通信系统中，输入光纤的光功率一般较低，通常不产生非线性散射。

需要指出的是，光纤的非线性效应并非都是有害的，拉曼放大器就是利用光纤的受激拉曼散射效应来实现对信号的光放大。拉曼放大器具有全波段放大、低噪声、可以进行色散补偿等优点，已在长距离骨干网和海底光缆通信系统中广泛应用。

5）与单模光纤非线性特性相关的主要参数。

① 有效面积 A_{eff}。光纤的非线性效应除了与注入光纤的光功率有关（非线性效应随着光纤中所传输光强度的增大而增加），还与光纤的有效面积有关。在非线性阈值一定的情况下，光强度与纤芯的面积成反比。有效面积越大，允许的最大入纤光功率越大，也就是说，增大光纤的有效面积可以提高光纤对非线性效应的抑制能力。

由于光能量在光纤剖面上的分布并不是均匀的，所以采用一个有效面积 A_{eff} 来表示光纤剖面上的光强度分布。ϕ 是光纤中的模场分布，光纤中的有效面积定义为

$$A_{eff} = \frac{2\pi \left(\int_0^\infty \phi^2 r\mathrm{d}r \right)^2}{\int_0^\infty \phi^2 r\mathrm{d}r} \tag{2-26}$$

对一般单模光纤而言，有效面积可以用以下经验公式来表示：

$$A_{eff} = k \frac{\pi}{4} \omega^2 \tag{2-27}$$

式中　k——常数，约为 0.94；

　　　ω——模场半径。

但是，有效面积也非越大越好，主要是因为首先在实现较大有效面积的同时还要考虑光纤的其他参数，如色散、截止波长等，这需要复杂的折射率剖面分布，会增加制造难度和成本；其次，在一定的折射率剖面分布下，色散斜率与有效面积成正比，为了保证较低的色散斜率，故也不能一味追求大有效面积；再次，在泵浦光功率一定时，光纤的有效面积越大，其拉曼增益越小。因而，光纤的有效面积应该适中，既要能够使光纤具有一定的抑制非线性效应的能力，又要兼顾拉曼放大效率和色散斜率。普通单模光纤在 $1.55\mu m$ 波长的有效面积为 $80\mu m^2$，而对零色散点在 $1.55\mu m$ 波长的有效面积为 $50\mu m^2$，非线性影响较大。

② 非线性系数 n_2/A_{eff}。在较低的光功率作用下，石英玻璃光纤的折射率保持恒定，但是用掺铒光纤放大器可以获得高的功率，通过改变所传输信号的光强度能够引起光纤折射率的变化，它们的关系如下：

$$n = n_0 + n_2 P/A_{eff} \tag{2-28}$$

式中　n_0——线性折射率；

　　　P——输入功率；

　　A_{eff}——光纤的有效面积；

　　　n_2——非线性折射率系数。

n_2/A_{eff} 是非线性系数，代表着非线性效应，如自相位调制、交叉相位调制和四波混频导致光信号的衰减。n_2 是一个材料常数，所以一般通过增加光纤的有效面积来减少非线性效应。

③ 发生非线性的阈值功率。通常，将不同的非线性现象自身出现时光功率的大小称为"阈值功率"，其中受激拉曼散射和受激布里渊散射均有相应的阈值功率。

表 2-7 罗列了上述非线性效应对带光纤放大器的传输系统的影响及抑制措施。

表 2-7　非线性效应对系统的影响

主要影响	SPM	XPM	FWM	SBS	SRS
减少信道间隔	—	↑	↑	*	*
增加信道数	—	↑	↑	*	↑
增加信道功率	↑	↑	↑	↑	↑
增加区段数	↑	↑	↑	↑	↑
增加信道比特率	↑	↓	—	↓	↓

注：↑表示代价增加，↓表示代价减小，－表示影响不大，＊表示待定。

2.4.2　机械可靠性

当在光纤成缆过程和用于实际环境中时，必须经受住一定的机械应力和化学环境的侵蚀。在光缆施工过程中，光纤需要大量熔融连接，光纤涂覆层剥离后裸纤的翘曲度都会影响光纤的熔接难易和损耗大小，这些都属于光纤力学性能和操作性能的范畴。在通常的使用条件下，光纤都会受到张力（如在光缆中）、均匀弯曲（如在圆筒上）或平行表面的两点弯曲（如在熔接情况中），为了保证光纤长期使用的可靠性，需要保证光纤受力在允许的范围内。

（1）光纤的力学性能 石英玻璃的理论断裂强度由原子间的键能决定，光纤的断裂强度可高达 20GPa。但光纤表面的裂纹使得其断裂强度在 0.7 ~ 5.6GPa（100 ~ 800kpsi）之间。光纤中随机分布的裂纹，特别是在制棒和拉丝过程中形成的表面微裂纹是影响其强度的根本原因。因为光纤表面有一定的损伤概率，所以在光纤受到张力时，这个应力将集中于损伤处，而且一旦超过损伤处的允许应力则立刻断裂，如图 2-19 所示。另外，SiO_2 分子结构不可能都是完好的，可能存在气泡和其他杂质微粒，光纤强度受到表面裂纹、内部缺陷、杂质等的影响，使光纤强度远远低于理论强度，而光纤强度又取决于纵向分布最弱部分，因此，涂覆材料、涂覆层厚度、同心度以及光纤控制工艺、环境清洁度对光纤的最终强度都有影响。涂覆层虽然对光纤表面起到了很好的保

图 2-19 裂纹尖端应力集中与拉伸力

护作用，但光纤表面难免受伤而产生微裂纹，这些裂纹极易受到水分、尘埃和化学物质的侵蚀，在外力作用下逐步生长扩大，导致光纤强度下降以致断裂。

美国康宁公司在相关研究中指出，裂纹尖端处的应力随拉伸力增加，光纤微裂纹越深，光纤的断裂强度越低。

光纤的断裂应力（GPa）σ_b 与相应的裂纹深度 c（μm）之间的关系可由式 (2-29) 表示。

$$c = \frac{0.41}{\sigma_b^2} \tag{2-29}$$

光纤表面的微裂纹随机性很大，光纤强度也同样是一个随机变量。由于光纤强度是由裂纹最深处的强度所决定的，故用以最弱链模型为基础的威布尔、(Weibull) 统计分布函数来分析光纤强度是合适的。常用经验公式为

$$F(\sigma) = 1 - \exp\left[-\left(\frac{\sigma}{\sigma_0}\right)^m \cdot \frac{L}{L_0} \right] \tag{2-30}$$

式中 $F(\sigma)$——强度为 σ 时累计断裂概率，近似为 $n(\sigma)/N$；

$n(\sigma)$——在某一断裂强度 σ 时的累计断裂数；

N——统计特征样数；

m——威布尔分布的特征参数；

σ_0——威布尔分布的特征参数。

威布尔分布曲线与被测光纤的样品长度、位伸速度等试验条件有关，它对评价和改善光纤的强度具有统计的指导意义。

（2）光纤的筛选 根据材料断裂理论，一根光纤的断裂强度与该段长内存在的最大裂纹的尺寸有关。在一定时间内由于受到外力作用从而使得裂纹生长到临界范围，或者根据 Griffth 理论的说法，应力强度因子达到了临界条件，光纤将断裂。一般来说光纤断裂主要由以下两种原因造成：一是表面缺陷（一般来说较大，是制棒和拉丝过程中造成的）；二是本征缺陷（光纤材料结构、微不均匀性和微观各向异性）。在低应力下，通常只有大的缺陷（一般是表面裂纹）可以扩大，一些更微小的光纤内部本征缺陷则不会扩大；在高应力下各种缺陷（表面、内部）都暴露出来了。

为了确保光纤在使用过程中的机械强度，在拉丝时（或结束后）需要对光纤进行一定张力条件下的筛选，将强度低于试验标准的点去除。按照国际相关标准，一般要求光纤能够承受 1% ~ 2% 的应变。筛选是将光纤全长度上每一点都通过持续时间约为 1s，受力不低于约 8.6N（或 17.2N）的筛选试验，使那些经受不住这个力的光纤弱点处断裂，去除光纤断点，从而保证光纤的力学性能，而通过筛选试验的光纤均能保证在低于筛选的应力下正常工作。断点应满足以下要求：1000km 断点数在两个点左右。对于用于海底光缆中的光纤，为了确保长期使用的可靠性，通常光纤的筛选应力不小于 200kpsi。

（3）光纤的寿命 光纤的寿命一般称为光纤的使用寿命。光纤所受到的应力及其使用寿命之间的关系可用式（2-31）表示。

$$\sigma_0 = 0.7\sigma_p \left\{ 0.35 \left[\frac{(n-2)}{(n+2)} \frac{\nu_0}{\alpha_0} \frac{\sigma_p}{\dot{\sigma}} \right] \right\}^{1/n} \tag{2-31}$$

在推导此关系时，美国康宁公司的 G. S. Glaesemann 假设的初始条件是将光纤的裂纹扩展到其原始裂纹深度的 1% 作为寿命终结，即 $\frac{\alpha}{\alpha_0} = 1.01$，并以光纤的筛选应力作为光纤应力的参比量。

当 $\sigma_a = \sigma_0$，$\frac{\alpha}{\alpha_0} = 1.01$ 时，有

$$\frac{\nu_0}{\alpha_0} = \frac{\left[1 - 1.01^{-(n-2)/2} \right]}{\left[\left(\frac{n}{2} \right) - 1 \right] t} \tag{2-32}$$

式中 σ_0——安全应力；

σ_p——筛选应力；

σ_a——外加应力；

$\dot{\sigma}$——应力速率；

ν_0——光纤初始疲劳特性，为 $d\alpha_0 / dt$；

ν_0/α_0——裂纹增长参数；

t——时间；

n——应力腐蚀参数；

α——裂纹尺寸；

α_0——初始裂纹尺寸。

将式（2-30）以筛选应力 $\sigma_p = 100\text{kpsi}$ 作为参数，可得出图 2-20 所示曲线。由曲线 A 可见，对于目前商用单模光纤 $\sigma_p = 100\text{kpsi}$，长期使用应力 $\sigma = 1/5\sigma_p$（20kpsi，2‰应变）时，使用寿命可达 30 年。而短期（敷设）应力可达 $\sigma = 1/3\sigma_p$。

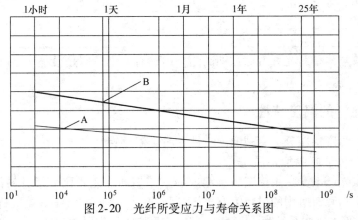

图 2-20 光纤所受应力与寿命关系图

曲线 A 是以裂纹增长到其原始深度的 1% 作为寿命终结的判据的，这种假设的寿命终结判据是相当保守的。在图 2-21 中同时给出了曲线 B，这是相当于 1km 筛选应变为 1% 的光纤的断裂概率为 1/100000 时的光纤残余应变和使用寿命之间的关系。由曲线 B 可见，相应于 25 年使用寿命的允许残余应变为 0.28%，这等效于直径为 46mm 的弯曲情况。由此曲线还可以看出，光纤中残余应变如果从 0.28% 增加到 0.38%（相当于弯曲直径为 33mm），则光纤的使用寿命将从 25 年下降为 1 个月。

下面是英国 FIBERCORE 公司对光纤寿命预期的一个研究成果，其使用的寿命预期的数学模型如下：

$$\frac{\sigma_a}{\sigma_p} = \left(\frac{t_p}{t_a}\right)^{\frac{1}{n}} \left\{ \left[1 - \frac{L_0}{L}\ln(1-F)\left(\frac{BS_0^{n-2}}{\sigma_p^n t_p}\right)^{\frac{m}{n-2}} \right]^{\frac{n-2}{m}} - 1 \right\}^{\frac{1}{n}} \tag{2-33}$$

式中　σ_a——外加应力，单位为 GPa；

σ_p——筛选应力，单位为 GPa；

t_a——寿命，单位为 s；

t_p——筛选时间，单位为 s；

n——静态疲劳参数（无量纲）；

L_0——试样长度，单位为 m；

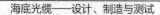

L——光纤长度，单位为 m；

F——断裂概率（%）；

m——威布尔斜率。

用于统计的光纤的筛选强度为 1%（100kpsi），$n = 22.5$，$L_0 = 500$mm，$L = 1000$m，$F = 1/10000$，$m = 3.8$，$BS_0 = 6.1 \times 10^{16}$GPa。光纤寿命预期结果见表 2-8。

表 2-8　FIBERCORE 公司对光纤寿命的预期结果

寿命/年	外加应力 （相对于筛选强度的%）
10	29.1
25	26.0
30	25.8

两种数学模型对光纤寿命预期的结果虽稍有差别，但是很小，可以说结果基本一致。

2.4.3　光纤的温度特性

光纤的温度特性分为衰减温度特性和时延温度特性。

1. 光纤的衰减温度特性

石英系光纤本身是用掺杂石英制成的，其物理性能要比金属材料稳定得多。但是，涂覆和套塑所用的材料为有机树脂和塑料，它们的线胀系数比石英要大得多。石英玻璃的线胀系数为 3.4×10^{-7}/℃，而硅橡胶和尼龙为 1×10^{-4}/℃，即温度变化 1℃ 时，石英和塑料涂层的长度变化量相差 1000 倍，也就是说，光纤长度变化 1mm 时，塑料涂层的长度要改变 1m。当温度下降时，如果两者要保持同样长，则光纤就要受到压缩力，涂覆层要受到张力，在一定压力下，光纤就会产生微弯曲，引起损耗增加。高温时，涂层伸长，使光纤受到拉应力，产生应力损耗。

石英光纤的纤芯和包层材料具有很好的耐热性，耐热温度达到 400～500℃，所以光纤的使用温度取决于光纤的涂覆材料。

光纤衰减温度特性与光纤本身的结构参数和抗微弯性能有关，且与光纤的涂覆层有关。目前市售的光纤多在 −60～85℃ 范围内，单模光纤附加损耗不大于 0.05dB/km，多模光纤不大于 0.1dB/km。

2. 光纤的时延温度特性

过去的光纤通信采用的是异步数字传输，通常不考虑时钟的温度漂移问题。如今，随着光同步数字传输网的普及应用，人们开始重视时钟漂移问题，也开始研究光纤脉冲时延的温度特性。尽管光纤的时延温度系数很小，但对 40Gbit/s 速率下的高速系统仍有影响。

光脉冲通过长度为 L 的光纤群时延为

$$\tau = \frac{L}{V_g} = \frac{LN}{c} \tag{2-34}$$

式中 L——光纤长度;

N——折射率;

c——光速。

当温度发生变化时,时延也发生变化,将时延对温度求导可得式(2-35),实际上,光纤时延随温度的变化是一种慢变化,称为温度漂移。

$$\frac{d\tau}{dT} = \frac{1}{c}\left(L\frac{dN}{dT} + N\frac{dL}{dT}\right) \tag{2-35}$$

定义单位长度单位温度间隔时延变化量为光纤的时延漂移常数,记为 K_f,单位是 ps/(km·℃),其表示式为

$$K_f = \frac{d\tau}{dT}\frac{1}{L} = \frac{1}{c}\left(\frac{dN}{dT} + \frac{N}{L}\frac{dL}{dT}\right) \tag{2-36}$$

式中,第一项是由于群折射率随温度变化而引起的,第二项是由光纤的物理长度变化引起的。如将石英玻璃光纤的热膨胀系数、石英玻璃在 1310nm 处的群折射率和折射率随温度的变化值代入式(2-36),则可估算出光纤的时延漂移常数约为 36ps/(km·℃)。计算式(2-36)时,未考虑光纤预涂覆材料的影响,实际上,不同的涂覆材料和工艺,光纤的温度时延漂移常数相差很大,大约在 30~200ps/(km·℃)之间。另外,成缆光纤的温度时延漂移常数会大一些,具体数值取决于光缆结构设计和填充材料。一般要求光纤的温度时延漂移常数以 40ps/(km·℃)为好。

2.5 光纤的制造方法

2.5.1 光纤预制棒

光纤的制造通常分两步,先是光纤预制棒的制作,然后是将预制棒拉丝成光纤。光纤预制棒是制造光纤的核心原材料,是一种在横截面上有一定折射率分布和一定芯/包比的透明的石英玻璃棒。光纤预制棒的制作工艺难度很大,经过 40 多年的发展,目前最为成熟的有四种技术,即美国 AT&T 公司开发的改进的化学汽相沉积法、美国康宁公司开发的管外汽相沉积法、日本 NTT 公司开发的汽相轴向沉积法及荷兰菲利浦公司开发的等离子体化学汽相沉积。四种方法各有优缺点,但均能制造出高质量的光纤产品。

(1)改进的化学汽相沉积(Modified Chemical Vapor Deposition, MCVD)法

该方法是管内沉积,反应热源为氢氧焰,气态原料 $SiCl_4$、$GeCl_4$、$POCl_3$ 和载气 O_2 一起进入氢氧焰加热旋转的石英管中,发生以下氧化反应:

$$SiCl_4 + O_2 \longrightarrow SiO_2 + 2Cl_2$$

$$GeCl_4 + O_2 \longrightarrow GeO_2 + 2Cl_2$$

$$4POCl_3 + 3O_2 \longrightarrow 2P_2O_5 + 6Cl_2$$

生成的微粒材料 SiO_2、GeO_2、P_2O_5 沉积在管壁处，随着外侧热源的往复移动，在管子的内壁会形成一层层微粒层，最后再烧缩成所需的高度透明的光纤预制棒，如图 2-21 所示。为了提高生产效率和增加光纤连续拉丝长度，可在制成的初始预制棒上再外套石英管，以制得尺寸更大的预制棒。该方法制造工艺较简单，折射率易于控制，但需要配备高质量的石英管，对预制棒尺寸有一定的限制。国内多采用此法制备折射率剖面精细的多模光纤和特种光纤（如保偏光纤、有源光纤）等。

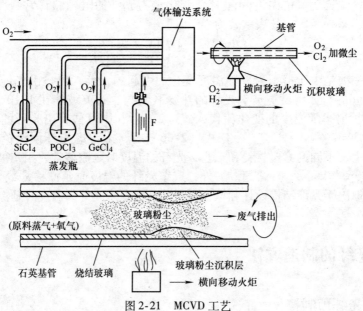

图 2-21　MCVD 工艺

（2）管外汽相沉积（Outside Vapor Deposition，OVD）法　该方法是沿轴向沉积，预制棒粗且长，制得的光纤长度大于 MCVD 法。气态原料 $SiCl_4$、$GeCl_4$、O_2 和 CH_4 火焰一起喷向水平放置的转动靶棒，先沉积芯子，再沉积包层，在高温下原料发生以下水解反应：

$$SiCl_4 + 2H_2O \longrightarrow SiO_2 + 4HCl$$
$$GeCl_4 + 2H_2O \longrightarrow GeO_2 + 4HCl$$

生成的 SiO_2 和 GeO_2 附着在通常由氧化铝制成的陶瓷靶棒上，喷灯来回往复运动多次，使之形成多孔棒，然后抽出靶棒，再经脱水和透明化，制成光纤预制棒，如图 2-22 所示。该方法对预制棒的径向尺寸无限制，可以制成大型预制棒，控制折射率分布较容易，但生产工艺较复杂。

（3）汽相轴向沉积法（Vapor Axial Deposition，VAD）法　该方法也是一种管外汽相沉积，所得预制棒粗且长，可拉制的光纤较长。由氩气载运的 $SiCl_4$、$GeCl_4$ 在氢氧焰中发生水解反应，生成的玻璃微粒沉积在垂直放置的旋转的石英引棒的端部，随着引棒的提升，沉积的多孔棒逐渐加长。若采用各自的原料供应系统和喷灯，则可以同时沉积芯子和包层。沉积而成的多孔棒经脱水和透明化，制成光纤预制棒，如图 2-23 所示。采用该方法，预制棒可以连续生产，生产速度快、产量高，但工艺控制比较复杂。由于 VAD 工艺能通过脱水技术轻松地将 OH^- 从疏松体中除去，即使原材料纯度不高也能实现非常低的 OH^- 含量，因而 VAD 工艺适于生产低水峰单模光纤。

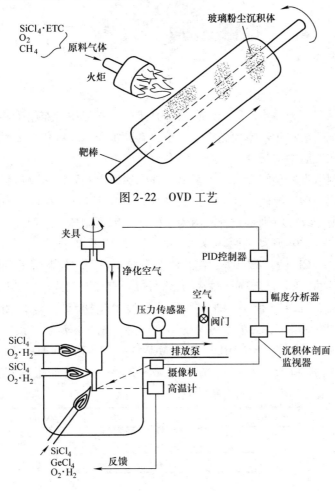

图 2-22　OVD 工艺

图 2-23　VAD 工艺

（4）等离子体化学汽相沉积（Plasma Chemical Vapor Deposition，PCVD）法　该方法也是管内沉积，反应热源为微波等离子体。该方法类似于 MCVD 法，不同之处是以石英管外快速移动的环形微波腔产生的等离子体代替了氢氧焰，作为管内反应的热源，该方法对光纤折射率控制尤为精确，非常适用于制作高带宽的多模光纤，如图 2-24 所示。

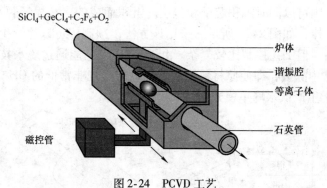

SiCl₄+GeCl₄+C₂F₆+O₂ が表记为 $SiCl_4+GeCl_4+C_2F_6+O_2$

图 2-24　PCVD 工艺

四种汽相沉积方法中，管内沉积法适合于生产折射率分布精确和复杂的光纤产品，而外沉积法在生产单模光纤方面更具有高沉积速率的优势。因此，四种汽相沉积方法在发展中取长补短，相互结合。

在早期制造光纤预制棒时，大都是单独利用以上某种工艺制造直接用于拉丝的阶跃多模预制棒，棒较小，可拉出的光纤仅有几十 km。20 世纪 80 年代以后，为了生产单模光纤，特别是光纤厂商为了生产大型预制棒，采用混合工艺，从原有的"一步法"发展为"两步法"。第一步，就是生产芯棒，采用 MVCD、OVD、VAD、PVCD 法；第二步，在芯棒上附加外包层，使制成的预制棒的芯直径与包层直径的比例与最终光纤要求的芯与包层直径比相同。"两步法"预制棒生产技术路线如图 2-25 所示。外包层主要的技术包括套管（RIC/RIT）法、等离子喷涂（APVD）法、火焰水解（OVD）法等。国内主流生产预制棒的生产工艺技术为 PCVD + 套管（RIC/RIT）法、MCVD + OVD 法、VAD + OVD 法。采用两步法生产的预制棒一般可拉光纤 1000～2000km，目前最大可达 8000km。表 2-9 为四种光纤芯棒工艺的主要特点。

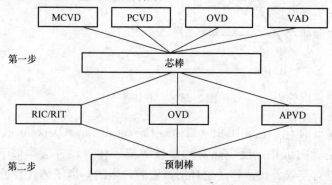

图 2-25　两步法预制棒生产技术路线

表 2-9　四种光纤芯棒工艺的主要特点

工艺	MCVD	PCVD	OVD	VAD
化学机理	高温氧化	低温氧化	火焰水解	火焰水解
热源	氢氧焰	低压微波等离子体	甲烷或氢氧焰	氢氧焰
沉积方向	管内表面	管内表面	靶棒外表面	靶棒轴向
沉积工艺	间歇	间歇	间歇	连续
沉积速率	0.5~3g/min	0.5~3g/min	20~30g/min	20~30g/min
沉积效率	50%~60%	85%~100%	50%~70%	50%~70%
折射率分布控制	很容易	很容易	容易	复杂
原料纯度要求	严格	严格	不严格	不严格
采用市场份额	12%	6%	36%	46%
使用厂家	美国 OFC 等	荷兰飞利浦、中国长飞	美国康宁	日本住友、古河

高性能的光纤在制造时需要对直径极小的光纤折射率变化进行精确控制，以尽量减少光纤中光学特性的波动。例如，长距离传输光纤需要低的偏振模色散（PMD），这要求对纤芯、包层圆度和同心度进行严格控制。又如海底光缆用光纤的筛选强度通常要达到 200kpsi，这需要更高质量的控制以确保在各种环境下的稳定性和高可靠性。在光纤的制造工艺中，纤芯折射率分布变化的控制是通过向二氧化硅（SiO_2）中引入掺杂剂，如氧化锗（GeO_2）和氟（F）等来实现的。

2.5.2 光纤拉丝

1. 成型机理

石英光纤拉丝是指将制备好的光纤预制棒放置在拉丝塔的进棒系统上，并放入高温炉中，利用高温炉加热（温度约为 1900~2200℃）熔融后拉制成直径符合要求的光纤纤维，并保证光纤的芯包直径比和折射率分布形式不变的工艺操作过程。对于石英光纤而言，由于玻璃中的分子扩散要比晶体中的难得多，所以芯层中二氧化锗即使在 2000℃ 的高温时也很难扩散到包层中，从而可以保证拉制的光纤仍保持原来的折射率分布和纤芯/包层外径比。

在拉丝操作过程中，最重要的技术是确保光纤表面不受到损伤，需对光纤进行涂覆并固化，以弥补玻璃的脆性；其次为保证光纤正常的机械强度，还需对拉制后的光纤进行筛选试验（发现明显损伤的试验）；再次，应正确控制芯/包层外径尺寸及折射率分布形式，确保制造出高品质的光纤产品。另外，还应保持拉丝工艺和工艺参数的稳定性，保证拉制光纤的均匀性。如果光纤表面受到损伤，则将会影响光纤的机械强度与使用寿命。如果外径发生波动，则由于结构不完善不仅会引起光纤波导散射损耗，而且在光纤接续时连接损耗也会增大，影响光纤的光学性能。

因此在进行石英光纤拉丝时，必须根据拉丝塔各组成部件的特点，设计出最优化的石英光纤拉丝工艺，并使各种工艺参数与条件保持稳定。

2. 光纤拉丝过程

（1）光纤拉丝塔　光纤拉丝主要通过光纤拉丝塔实现，其由以下部件组成，即塔架（根据拉制不同种类光纤的需要高度可为 5～30m）、预制棒进棒及自动对中系统、高温炉系统、直径测量系统（裸光纤/涂覆光纤测径仪）、光纤冷却系统、裸光纤张力测试系统、辅助牵引及主牵引系统、涂覆系统（湿－湿/湿－干涂覆）、涂层同心度检测系统、UV 固化炉系统、光纤旋转单元（用于减小偏振模色散）、牵引以及张力测试系统、光纤收丝系统、拉丝塔控制系统等。

（2）拉丝工艺　石英光纤拉丝就是通过光纤拉丝塔将石英光纤预制棒的直径缩小（从 100～200mm 减小到 125μm），且保持光纤的芯包比和折射率分布不变。光纤拉丝与石英预制棒的制造工艺无关，无论是 MCVD、PCVD 工艺制造的预制棒，还是 OVD、VAD 工艺制造的预制棒，其拉丝工艺基本相同。

光纤生产过程中一般采用如图 2-26 所示光纤拉丝工艺进行生产。预制棒被固定在与牵引同步的送棒机构上，经过 2000℃的加热软化，拉制成的光纤首先经过外径检测，以反馈控制保证光纤外径均匀，为了防止在纤维表面造成机械损伤，提高光纤强度，拉出的光纤必须在同一生产线上加上一次合适的涂覆层，固化后经牵引和在线筛选而绕制在光纤盘上。下面介绍工艺中几个关键的步骤：

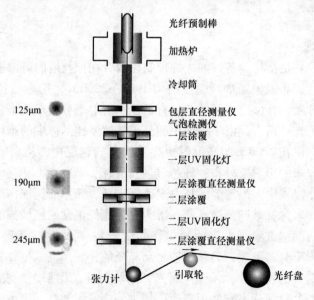

图 2-26　光纤拉丝工艺示意图

1）预制棒熔融拉制阶段。用送棒系统的卡爪将清洗好的光纤预制棒固定好，采用手动方式将预制棒缓慢下降到炉口上方约 3~5mm 处，观察预制棒的位置是否在炉口中心处，可以通过手动调节进行预制棒的对中。然后通过自动方式（设定进棒速度和进棒长度）使预制棒进入高温炉内，再一次检查预制棒的对中情况，并将高温炉升温，加热熔融预制棒。高温炉温度升高会导致预制棒的尖部黏度下降，在黏度降低到一定值时，尖端的石英玻璃因为自身的重力作用而逐渐下垂，使得熔融部分的石英玻璃变细而形成一个波珠并从炉口下落。当波珠下落后，操作人员将掉下的光纤头剪断并拉细，用重物将光纤通过光纤通道引导到辅助牵引装置上去。

拉丝炉内惰性气体的流向分布和气体用量会对光纤的强度产生较大的影响，为了避免高温环境中拉丝炉因石墨件产生的微小固体颗粒或惰性保护气体中的杂质在气流作用下接触到裸光纤而导致光纤表面产生微裂纹，需要对石墨件的挥发物数量、致密度以及表面粗糙度进行严格控制，还应避免气流直接吹到玻璃的熔融区。

2）光纤涂覆阶段。启动辅助牵引装置，调整牵引轮的位置和转动速度，在光纤直径达到 $100\mu m$ 左右时，将光纤剪断，迅速将裸光纤穿过涂覆模具及固化炉，然后将裸光纤粘在细铁棒之类的重物上使其在重力作用下下落。将光纤缠绕在引取轮上，启动压力涂覆控制按钮，对裸光纤进行涂覆（设定模式为先涂覆第一层，后涂覆第二层），并通过固化炉进行固化，在光纤直径达到 $250\mu m$ 左右时将光纤剪断并缠绕在转动收丝盘上。光纤涂覆系统如图 2-27 所示。

图2-27 光纤涂覆系统

光纤的涂覆层可以使用热固化或紫外固化涂覆技术，得到的光纤外径为 $250\mu m$，包层外径为 $125\mu m$。常用的材料有热固化硅酮树脂和紫外光固化丙烯酸类树脂两类，高速拉丝只能采用紫外光固化丙烯酸类树脂。涂覆层材料的折射率应略高于光纤包层，以避免无用光滞留在包层中，而是使其进入高损耗的涂覆层，迅速被衰减掉。涂覆材料的厚度和性质（弹性模量 E、玻璃化温度）对纤维的损耗和带宽特性，以及它们对温度的依从关系具有很大的影响，因而，一次涂覆材料常使用两种材料，内层是低模量（$E < 10MPa$）材料，外层是高模量（$E > 1000MPa$）材料，从而获得较高的强度和良好的耐磨性。对于高速拉丝来说，涂覆层材料及固化后的涂覆层必须满足以下基本要求：

① 涂层在高速拉丝时可快速固化；

② 涂层能与光纤紧密接触，且易剥离；

③ 涂层具有较高的拉伸强度，且具备较好的抗弯曲敏感性；

④ 涂层与光缆材料有良好的相容性；

⑤ 涂层在后续加工和长期使用过程中保持性能稳定等。

光纤拉丝工艺流程如图 2-28 所示。

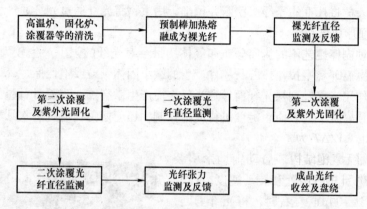

图 2-28　光纤拉丝工艺流程图

（3）张力筛选　光纤的张力筛选是保证拉制的光纤在使用过程中具有必要的机械强度而进行的检测。一般要求光纤能够承受应力的 1%～2%，并持续 1s 或更长时间。光纤的筛选应力由应力区的两个驱动轮产生。光纤张力筛选如图 2-29 所示。

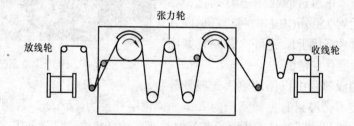

图 2-29　光纤张力筛选过程图

拉丝后的光纤放置在放线段，然后设定筛选参数和筛选长度，确认张力筛选模式及所加张力大小，按图 2-29 所示方向依次通过每个导轮，在收丝筒上固定好。最后启动装置，光纤在两个驱动轮之间形成速度差，从面产生了筛选张力。由于光纤的筛选试验本身会造成光纤强度的进一步降低，光纤中的宏观裂纹强度在经过筛选后发生了明显的降低（降低后的最小值仍在筛选应用水平），因此，除了光纤拉丝后必需的筛选试验外，通常在以后不必再做光纤筛选试验。

2.5.3 光纤制造过程中影响光纤强度的主要因素

（1）预制棒中 OH 含量对光纤强度的影响 MCVD 法制造光纤需要沉积和加套用石英管，这些石英管 OH 含量较高，在缩棒过程中，由于高温，OH 将向预制棒中心渗透，这些 OH 成分与工艺中通入的 Cl_2（脱水用）反应，生成 HCl，导致在缩棒或拉丝过程中形成气泡。预制棒制造所用热源为氢氧焰，它将在棒表面形成大量 OH，OH 本身也会引起 SiO_2 水解，从而引起 Si－O－Si 键的断裂，在石英管表面形成微裂纹。

（2）预制棒工艺不完善形成的微孔 预制棒制造工艺中，沉积层是由气体反应生成物 SiO_2 和 GeO_2 的微孔粒堆积而成的，堆积形成了若干气孔。在烧结过程中，微粒融熔逐渐透明化，在此过程中，孔的内压、孔的外压以及融熔 SiO_2 的表面张力共同作用，导致孔的体积变化与温度变化存在一定复杂关系。只有在某种条件下 $\Delta V/\Delta T$ 为负值，即随着温度增加，孔内体积逐渐变小，最后为零，成为理想的无气泡结构，但如果工艺不完善、沉积微粒过大、堆积过程中存在直径大小 $500\mu m$ 的气隙，则预制棒中仍然可能出现气泡。

（3）加套过程中预制棒表面和加套管内壁擦伤 如果预制棒有弯曲，或者预制棒送入套管过程未对中，则均会造成加套过程中预制棒芯棒表面和加套管内壁擦伤，这种擦伤将会产生气泡，擦伤深度可达数微米。在加套管和预制棒烧缩在一起前，如果气隙中的空气未充分抽出，存在残余湿气，则烧缩后将在棒中形成气泡。若预制棒表面和加套管内壁不清洁，则将造成预制棒内部缺陷。

（4）气体管道系统管道锈蚀形成的缺陷 预制棒气体供应系统管道一般采用抗腐蚀很强的不锈钢材料（316L），但是 MCVD 法工艺过程中需通入氯气，如潮气浸入，则在氯气作用下，管道将局部腐蚀，产生铁或其他离子，随反应气体进入反应区，沉积于预制棒中，造成缺陷，若干断裂面观测到有金属铁离子等，则可能是管道存在锈蚀造成的。

（5）拉丝过程中石墨炉引入的污染 光纤拉制一般使用石墨炉做加热源，在 2000℃ 左右的高温下，石墨炉的石墨发热体存在挥发性，特别是石墨发热体使用时间过长后会呈现多孔状，挥发面积加大，挥发的石墨微粒与硅作用生成 SiC，附在预制棒表面形成缺陷，使光纤强度降低。

（6）拉丝工艺不当引起光纤存在较大的残留应力 拉丝工艺过程中，光纤要在短短 1s 时间内由 2000℃ 高温降到几十℃，如果工艺参数不当，则极易在光纤中产生较大内应力。在研究光纤结构设计初期，充分考虑了掺杂物与石英线胀系数不一致引起的问题以及拉丝张力对光纤残余应力的影响，对光纤残余应力进行的测量表明，应力分布与光纤折射率分布是一致的，即折射率差越大，应力也越大，这就是数值孔径很大的光纤预制棒容易炸裂的原因，调整拉丝参数，主要是调整拉丝张力，可以减少残余应力。光纤强度还与炉温（是决定拉丝张力的主要因素）有关，炉温越高，光纤强度也越高，但光纤损耗会加大，故需要折中考虑。

（7）光纤涂覆层质量不好　光纤拉制过程中，光纤出炉后要立即涂覆，涂覆层的作用一是阻止潮气浸入光纤；二是减小光纤微弯损耗。涂覆层严重偏心或涂覆层抗潮性差均会影响光纤使用寿命，现用丙烯酸涂料，在温度、湿度增加时，涂料与石英玻璃黏附力较低，剥离力减小，潮气容易透入，使光纤上的裂纹在应力下逐渐扩大，影响光纤寿命，丙烯酸类涂覆层长期暴露于紫外光照射下造成的涂覆层老化也会影响光纤强度。

实际上光纤的制造目标之一就是要减小和消除影响光纤强度的因素，努力提高光纤强度，确保光纤使用寿命满足要求。

2.6　海底光缆用光纤

按照 ITU – T G.978 的建议，目前适合海底通信系统的光纤有多种，主要包括 G.65X 系列光纤、正色散单模光纤、负色散单模光纤、大有效面积单模光纤及色散补偿光纤等。

其中，G.65X 系列光纤包括 G.652 光纤（SMF）、G.653 光纤（DSF）、G.654 光纤（CSF）、G.655 光纤（NZDSF）和 G.656（WNZDF）光纤等五种单模光纤。

下列表 2-10 ~ 表 2-15 为国家标准 GB/T 9771—2008 规定的上述通信用单模光纤的衰减系数和色散特性要求。

表 2-10　B1.1 类光纤衰减系数和色散特性（G.652，SMF）

项目	技术指标	
衰减系数	Ⅰ级	Ⅱ级
1310nm 衰减系数最大值/（dB/km）	0.35	0.28
1550nm 衰减系数最大值/（dB/km）	0.21	0.24
1625nm 衰减系数最大值/（dB/km）	0.24	0.28
零色散波长范围/nm	1300 ~ 1324	
零色散斜率最大值/[ps/（nm² · km）]	0.092	
1550nm 色散系数最大值/[ps/（nm · km）]	18	

表 2-11 **B1.2 类光纤衰减系数和色散特性**（G.654，CSF）

项目	技术指标		
衰减系数	I 级		II 级
1550nm 衰减系数最大值/(dB/km)	0.19		0.22
色散特性	A 类	B 类	C 类
1550nm 色散斜率最大值/[ps/(nm² · km)]	0.070		
1550nm 色散系数最大值/[ps/(nm · km)]	20	22	20

表 2-12 **B2 类光纤衰减系数和色散特性**（G.653，DSF）

项目	技术指标
1550nm 衰减系数最大值/(dB/km)	0.22
1625nm 衰减系数最大值/(dB/km)	0.30
零色散斜率最大值/[ps/(nm² · km)]	0.085
1525 ~ 1575nm 色散系数最大绝对值/[ps/(nm · km)]	3.5
零色散波长范围/nm	1500 ~ 1600

表 2-13 **B4 类光纤衰减系数**（G.655，NZDSF）

项目	技术指标	
衰减系数	I 级	II 级
1550nm 衰减系数最大值/(dB/km)	0.22	0.25
1625nm 衰减系数最大值/(dB/km)	0.27	0.30

表 2-14 **B4 类光纤色散特性**（G.655，NZDSF）

项目	技术指标	
	A 类	B、C 类
C 波段色散特性		
非零色散区：$\lambda_{min} - \lambda_{max}$/nm	1530 ~ 1565	
非零色散区色散系数绝对值：D_{min}，D_{max}/[ps/(nm · km)]	0.1 ~ 6.0	1.0 ~ 10.0
色散符号	正或负	
$D_{max} - D_{min}$/[ps/(nm · km)]	≤5.0	

表 2-15　**B5 类光纤衰减系数和色散特性**（G. 656，WNZDF）

项目		技术指标
1460nm 衰减系数最大值/(dB/km)		0.35
1550nm 衰减系数最大值/(dB/km)		0.25
1625nm 衰减系数最大值/(dB/km)		0.30
色散系数	D_{min} (λ)：1460~1550nm/[ps/(nm·km)]	(2.60/90) (λ - 1460) + 1.00
	D_{min} (λ)：1550~1620nm/[ps/(nm·km)]	(0.98/75) (λ - 1550) + 3.60
	D_{max} (λ)：1460~1550nm/[ps/(nm·km)]	(4.68/90) (λ - 1460) + 4.60
	D_{max} (λ)：1550~1625nm/[ps/(nm·km)]	(4.72/75) (λ - 1550) + 9.28

为了满足长距离、大容量的需求，海底光缆通信系统中常用的光纤是 G. 654 光纤和 G. 655 光纤。G. 654 光纤是一种专门用于 1550nm 波长的光纤，其损耗最小，其色散特性与 G. 652 光纤相同，在 1310nm 波长上零色散，在 1550nm 波长上色散值约为 20ps/(nm·km)。G. 654 是一种纯硅芯光纤，由于纤芯材料是纯二氧化硅，避免了掺杂造成的瑞利散射损耗的增加，所以光纤导光部分的损耗为二氧化硅的本征损耗，同时也减小了掺杂造成的纤芯玻璃的晶格缺陷而导致 OH 与玻璃结合引起的水峰损耗，其在 1550nm 波长损耗系数仅为 0. 17dB/km，适用于大长度海底光缆通信系统使用。为了降低包层折射率而掺有昂贵的氟气，故这种光纤造价较高。目前美国康宁公司 G. 654 低损耗大有效面积光纤损耗已达 0. 146dB/km，日本住友公司达到 0. 1419dB/km。

G. 655 光纤也是用于 1550nm 波长的光纤，1550nm 波长色散非零。这种光纤充分考虑到光纤的损耗，同时兼顾了光纤的色散和 DWDM 及 EDFA 的应用，其损耗在 0. 2dB/km 左右，是大容量长距离海底光缆系统中的首选光纤之一。

正色散单模光纤（PDF）是指有一个在工作波长范围内符号为正的色散值 D_{min} 的光纤，该色散能减少对密集波分复用系统（DWDMS）十分有害的非线性效应的形成。大部分 ITU－T 标准 G. 65X 系列单模光纤在 1550nm 工作波长附近是正色散。

负色散单模光纤（NDF）是指有一个在工作波长范围内符号为负的色散值 D_{min} 的光纤，该色散能减少对 DWDMS 十分有害的非线性效应的形成。G. 655 光纤中具有负色散的 NZDSF 光纤是一种工作波长在 1550nm 附近的负色散单模光纤。

大有效面积单模光纤（LEF）是指工作波长处的有效面积（A_{eff}）获得了扩大，该扩大了的 A_{eff} 能减少对 DWDMS 十分有害的非线性效应。

色散补偿单模光纤（DCF）的色散符号取决于系统的色散控制。通常，DCF 光纤在信号工作波长有一个较大的色散值，用于补偿 PDF 光纤或 NDF 光纤的累积色散，以保证整条光纤线路的总色散近似为零，从而实现高速率、大容量、长距离的通信。

自从 20 世纪 80 年代海底光缆系统开通以来，光传输技术的不断革新一直驱动着海底光缆及光纤技术的进步。最早的海缆系统采用 SDH 设备，海底光缆采用常规的 G. 652 光纤，工作在 1310nm 窗口。为了追求更低的线路损耗，人们将 G. 652 光纤的工作波长迁移到 1550nm 窗口，使光纤的衰减大为降低，海缆系统的中继距离得以提升。到了 20 世纪 90 年代中后期至 21 世纪初，随着掺铒光纤放大器（EDFA）以及密集波分技术（DWDM）的相继出现，$N \times 10\text{Gbit/s}$ DWDM 传输技术逐渐成为主流，海缆系统的建设不再仅以降低衰耗为唯一目标，而是从衰耗、色散和非线性三个方面综合考虑。非零色散位移、大有效面积光纤逐步引入了海底光缆系统。通过在不同跨段分别配置使用正、负色散的光纤来实现在线色散补偿。随着光再生距离需求的不断提升，在一些海缆系统中出现了混合光纤配置方式，即在一个跨段内发送端采用大有效面积的光纤，接收端采用小有效面积的光纤，两种光纤以一定比例组合，形成混合光纤配置，这种方式能够保持入射端的大有效面积，提升入纤光功率，光再生距离相比上一种方式可提升 50% 左右。随着光纤技术的不断发展，海缆系统中又出现了一种特殊的混合光纤，即色散管理光纤（Dispersion Managed Fiber，DMF）。DMF 光纤在跨段发送端采用大有效面积、正色散系数光纤，而在接收端采用小有效面积、负色散系数光纤。通过跨段内正、负色散值光纤的配置比例对光线路色散进行管理，实现色散及色散斜率的在线补偿，可将整个跨段保持在一个低色散残余的水平。采用 DMF 光纤可以使海缆系统的光再生距离达到上万千米。因而，海底光缆用光纤的选用是根据整个海底光缆的传输系统来决定的。如日本 OCC 公司用于亚洲与美国的 OCC－22S 海缆系统即采用 LMF（Large Mode field Fiber）、LSF（Low Slope Fiber）、DMF（Dispersion Managed Fiber）、DCF（Dispersion Compensating Fiber）等进行综合设计。表 2-16、表 2-17 为该系统用光纤的部分性能。

表 2-16 光纤几何和力学性能

项目	光纤类型				
	LMF	LSF	DMF（＋）	DMF（－）	DCF
有效面积/μm^2	70	50	100	20	70
包层层直径/μm	125±2				
UV 涂层外径/mm	0.25				
最小弯曲半径/mm	30				
筛选应变（%）	2				

表 2-17　光纤光学性能

项目	光纤类型			
	LMF	LMF + LSF	DMF DMF（+）+DMF（-）	DCF
1550nm 衰减常数/(dB/km)	0.21	0.21	0.22	0.19
1560nm 色散系数/(ps/(nm·km))	-2.4	-2.2	-2.8	19
色散斜率/(ps/(nm²·km))	0.12	0.09	0.02	0.06

目前在建的海缆系统基本考虑采用 $N \times 100$ Gbit/s DWDM 技术。随着传输速率的提升，传输系统对光纤网络的光信噪比（OSNR）、光纤色散（CD）、偏振模色散（PMD）和非线性等指标要求越来越高。$N \times 100$ Gbit/s 波分系统具有色散补偿和偏振模色散补偿的能力，极大地克服了光纤链路色散导致的传输距离限制，在一定程度上降低了系统对光纤的要求。但即便如此，$N \times 100$Gbit/s 波分系统的 OSNR 要求仍然高于以往系统，而系统的 OSNR 直接决定了传输系统中信号的无电中继传输距离，同时由于入纤光功率的提升，$N \times 100$Gbit/s 波分系统对非线性效应相比以往的系统更加敏感，因此海底光缆选用光纤的研究重点放在了降低光纤损耗和抑制非线性效应上。故要求在 1250～1650nm 窗口有更低的光纤衰减值，这意味需要降低杂质、散射、弯曲带来的损耗；确保在 1400～1500nm 窗口实现单模传播和有效的拉曼泵浦，需要减少光纤的截止波长；而要克服向光纤注入较大的光功率时产生的非线性，就需要减小光纤载光区的光强密度，不改变光纤几何尺寸的实用有效方法是扩大光纤载光区的有效面积。未来出现单波更高速率的海缆系统时，进一步降低损耗、增大有效面积仍然会成为光纤的主要发展方向。

近年来，随着全球互联网业务爆炸式的增长，人们对带宽需求不断增加，100Gbit/s 传输速率的波分系统已逐渐成为电信运营商骨干光网络的主导，目前，下一代 400Gbit/s 传输速率的低损耗大有效面积光纤已在积极的实验之中。为了满足光传输系统的更高需求，要求光纤具有更加复杂的折射率分布和更加成熟的制造工艺，可以预见，未来海底光缆传输系统仍将继续向超大容量、超长距离的方向发展，这些都对光纤的设计和制造提出了更高的要求。

参 考 文 献

[1] 福富秀雄. 光缆 [M]. 李先源，易武秀，杨同友，译. 北京：人民邮电出版社，1989.

[2] 慕成斌，等. 中国光纤光缆三十年 [M]. 北京：电子工业出版社，2007.

[3] 胡先志，邹林森，刘有信，等. 光缆及工程应用 [M]. 北京：人民邮电出版社，1998.

[4] 王瑛剑，李海林，等. 海军海缆线路业务员考核指南 [M]. 武汉：海军工程大学出版

社，2013.

［5］原荣．光纤通信技术［M］．北京：机械工业出版社，2011.

［6］李丽君，徐文云．光纤通信［M］．北京：北京大学出版社 2010.

［7］薛梦弛．光纤弯曲损耗的研究与测试［J］．电信科学，2009（07）．

［8］LIBERT J F，CHARLES Y，WORTHINGTON P. A new undersea cable for the next millenium［C］. In Proceedings of SubOptic，1997.

［9］廖延彪．光纤光学原理与应用［M］．北京：清华大学出版社，2010.

［10］胡先志．光纤与光缆技术［M］．北京：电子工业出版社，2007.

［11］赵梓森．光纤通信工程（修订本）［M］．北京：人民邮电出版社，1994.

［12］王春江，等．电线电缆手册第1册［M］．2版．北京：机械工业出版社，2002.

［13］陈炳炎．光纤光缆的设计和制造［M］．杭州：浙江大学出版社，2016.

［14］张森．光纤光缆制备［M］．西安：西安电子科技大学出版社，2011.

［15］白新宇，高军诗．低损耗大有效面积光纤在新一代海缆系统中的应用［J］．电信工程技术与标准化，2014（05）．

第 **3** 章

海底光缆设计

　　海底光缆是一种应用于海底环境中的光缆，由于其设计、制造难度较大，工艺也很复杂，且其外形是光缆中最为"粗重"的一种，因此被誉为"光缆之王"。海底光缆主要进行语音、图像及数据等光信号的传输，是连接洲际之间、岛屿与大陆之间通信传输的纽带，在国际跨洋通信和国防海底通信中起着极其重要的作用。

　　相较于常规结构简单的陆上光缆，海底光缆使用环境恶劣、施工布放难度大，为了给光纤提供最可靠的保护，需要进行复杂的结构设计，同时在材料的选用上应满足寿命和环境的苛刻要求，也就是海底光缆的设计必须保证光学、电气、力学等性能的长期稳定性和可靠性，以确保海底光缆通信系统长期运行的有效、安全与可靠。

3.1　海底光缆要求

　　海缆的首要目标是保护内部光纤，使之免受使用期间额外的应力和机械损伤，并在需要时（中继系统）为水下设备供电。考虑到海底光缆生产、安装和修复的困难以及昂贵的成本，海底光缆应该具有长寿命和高可靠性。除了要求在正常工作的 25 年寿命中保护光纤和保障供电有效，还应在生产、敷设、打捞修复环节确保稳定可靠。

　　海底光缆所处环境恶劣，除了受到海水的压力外，还长期受到水流冲刷、礁石磨损、海底生物侵蚀等危害，而且极易受渔网、船锚钩挂及敷设、打捞、维修工程等机械作用的损伤，因此，海底光缆必须具有极强的光、电、力学及环境性能。在设计与制造上必须满足系统提出的以下要求：

　　1）具有足够的机械强度，以承受敷设、打捞时的张力和布缆船上的布放装置引起的挤压力，能够确保海底光缆被安全布放到预定的深度（如深海可达 8000m）；

　　2）能够经受安装深度的海底环境条件，包括静水压力、温度、磨损等，具有长期的耐腐蚀性能；

3）海缆受到机械应力作用时应该具有较低的应变，以确保光纤长期使用的可靠性，使得即便在恶劣气象条件下，也不会影响其传输性能和稳定性；

4）在水压作用下具有径向抗压能力及纵向防海水渗透能力，而且能够从水中打捞回收，保证敷设在海底的光缆具有可维修性；

5）原材料的选择应能保证海缆的长寿命。

相对于陆上光缆系统，海底光缆通信系统的可靠性要求较高，通常在25年的寿命期限内水下设备维修次数不应超过三次，因而要求海底光缆不会因自身原因发生故障。自20世纪80年代以来，海底光缆通信系统的发展使得海缆要求、海缆设计及海缆质量控制等也随之发生变化。此外，为满足系统所需要的各类光纤，海缆应能够支持所有类型的光纤，特别是适合高宏弯曲损耗或微弯曲损耗的光纤。

3.2 海底光缆类型

海底光缆因适用系统、使用水深及铠装结构形式的不同而呈现出不同的类型和名称，这其中既有一些区别也有一定的交织，如用于中继系统的海底光缆既有深海光缆又有浅海光缆，既有轻型海缆又有单铠、双铠海缆等，无中继海底光缆也是如此。此外，中继海底光缆可用于无中继海底光缆通信系统中，但没有供电导体的无中继海底光缆则不能用于中继海底光缆通信系统中。

3.2.1 中继海底光缆和无中继海底光缆

海底光缆通信系统通常分两大类，一类是有中继的中、长距离系统，适用于沿海大城市之间的跨洋国际通信，另一类是无中继通信系统，适用于大陆与近海岛屿、岛屿与岛屿间或沿海城市间较短距离的通信。

由于通信系统中是否含有海底中继器会影响到光缆的结构，因而将用于中继海底光缆通信系统的海缆称为"中继海底光缆"，用于无中继海底光缆通信系统的海缆称作"无中继海底光缆"，如图3-1所示。

为了实现远距离海底通信（超过400km），需要在系统中设有海底中继器，为了满足中继器的供电需求，有中继海底光缆结构内必须含有向中继器供电的导体，该导体以一定的电压传送相当的电功率，要求绝缘耐压等级较高。因此中继海底光缆是指可供电的水下光缆，并能在水下8000m深的海域进行敷设，中继海底光缆通信系统长度可达数万千米。

无中继海底光缆系统中没有海底中继器，因而光缆内无需含有导体，但实际上有些无中继系统中用的海缆也有采用导体结构的，这一导体用于故障检测而非供电。因此，无中继海底光缆是指传输性能满足无中继传输要求，结构中不含馈电导体（可含检测导体）的水下光缆，其敷设深度也应满足浅海和深海的要求。通常无中继系统的距离小于400km，采用光放大技术，目前无中继海底光缆通信系统距离可达600km。

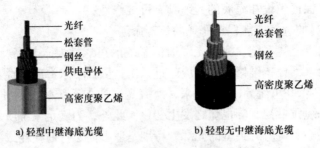

a) 轻型中继海底光缆　　　　　　b) 轻型无中继海底光缆

图 3-1　轻型中继海缆与无中继海缆

3.2.2　浅海光缆和深海光缆

海底光缆根据敷设处水深可分为浅海光缆和深海光缆，如图 3-2 所示。由于我国沿海区域多为大陆架，海域水深大都在 100m 左右，一般不超过 200m，很少超过 500m，因而我国将 500m 以内定为浅海，超过 500m 海深定为深海。国际上各国对浅海水深的规定有所不同，如英国为 700m，美国为 540m。ITU 则将 1000m 以内定为浅海，1000m 以上定为深海。

由于浅海区域与海岸线相连，浅海光缆容易受到航道运输、捕捞、养殖等人为引起的锚泊、渔具钩牵等外力损坏，也容易受到波浪、潮流使海缆与海底发生摩擦而引起的自然磨损，且这种磨损与海底底质有关，特别是靠近岸边段，如礁石磨损地更加恶劣。因此为了保护海缆，需要在缆芯（或深海缆）外附加一到两层铠装钢丝来增强其机械强度，而且现代也多采用埋设的方式来保护海底光缆。浅海光缆常用到的铠装形式主要有单层（重型）铠装、双层铠装及岩石铠装等形式。

深海区相对浅海区不存在船锚、渔捞等人为损坏的危险，受到外部机械损伤的可能性已大大减少，但容易受地震、鲨鱼攻击的影响，用于深海区的海底光缆多采用直接布放施工方式，故不需要进行额外的加固。结构上比浅海光缆简单，主要类型包括深海轻型光缆、轻型保护海缆、单层（轻型）铠装光缆等。但是深海区域海洋地貌比较复杂，起伏很大，海缆要承受与水深相应的极高的海水压力，而且敷设和打捞时由于自重引起的张力易产生回转，因而在设计上有着与浅海光缆不同的地方。

我国海域从北到南包括渤海、黄海、东海及南海，海区总面积达 470 多万 km^2，95% 以上的海域水深小于 1000m，表 3-1 为我国主要海域水深。

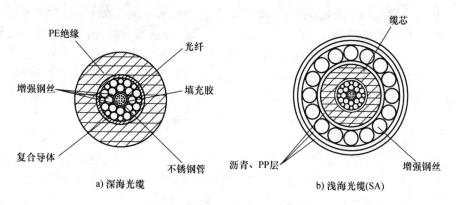

a) 深海光缆　　　　　　　　　　　　　　　b) 浅海光缆(SA)

图3-2　深海光缆与浅海光缆[3]

表3-1　我国主要海域水深

海区	平均深度/m	最大深度/m
渤海	18	70
黄海	44	140
东海	370	2719
南海	1212	5559

注：东海大陆架平均水深72m，仅台湾以东水深超过2000m。

由于我国海底光缆主要用于海岸线附近的沿海大陆架，以实现大陆与岛屿、岛屿与岛屿间的海底通信，因此国内市场以浅海光缆为主，深海光缆的市场相对较小。而跨洋的长距离中继海底光缆通信系统则会用到大量的深海光缆，表3-2为四大洋的深度表。

表3-2　四大洋深度[4]

名称	面积/×10^3km²	平均深度/m	最大深度/m
太平洋	179679	4028	11034
大西洋	93369	3627	9296
印度洋	74917	3897	7725
北冰洋	13100	1296	5449

3.2.3　系列铠装海缆

为了适应不同水域布放环境，海底光缆需要有各种等级的保护来满足海底光缆通信系统的需要。按铠装保护形式主要有轻型缆（Light Weight，LW）、轻型保护缆（Light Weight Protected，LWP）、单层铠装光缆（Single Armoured，SA）、双层铠装光缆（Double Armoured，DA）及岩石铠装光缆等（Rock Armoured，RA）。

在一个较长的海底光缆通信系统中，根据海底底质及布放深度可能用到以上各种铠装保护类型的海缆。所有类型的海缆都应能从敷设的最大水深处进行打捞，如果一个系统中使用到多种类型的海缆，则较容易实现不同光缆类型之间的转换或连接。目前，国际铠装光缆多用埋设犁埋设在小于1500m水深的海域里。埋设犁工作时可能会在开沟和和收放过程中引起一些严重的张力负荷，甚至会留下永久性的张力负荷，而这都应确保在海缆允许承受的范围之内。

（1）深海轻型光缆　LW型海缆用于水下8000m，实际上这一深度并不多见，只在由于板块运动挤压造成的海洋沟里，主要是日本、澳大利亚和加勒比海附近海区。LW通常是海底光缆系列的一个基础设计，主要包括含光纤的光单元、钢丝和绝缘层。绞合钢丝与光单元一起保护光纤免受水压的作用，同时钢丝也提供了抗拉强度。绝缘层（或/和护层）对其内的缆芯起到隔离海水的保护作用，对于含有供电导体的中继海底光缆通信系统，则通常要求绝缘层的耐压高达10kV。

（2）轻型保护海缆　LWP型海缆是在深海轻型光缆外进行额外保护的轻型海缆，主要是在LW型海缆的外面加包一层钢塑复合带，然后再挤包一层聚乙烯护套。这种结构增强了光缆的耐磨性，还可以有效防止海底渔钩、鱼咬等。这一层保护可以加在整条光缆上，也可以加在某段光缆上。

20世纪80年代末，安装在大西洋的第一个海底光缆系统中曾出现过海底光缆绝缘故障，当时有人认为，鲨鱼在海底会被光缆由于移动而产生的可以感知的振动或者是它周围更高的场强所吸引，从而啃咬海底光缆，当时出现绝缘故障的有些海缆可能正是遭到了鲨鱼的破坏，因此，为了防范此类情况，产生了LWP型海缆。

（3）单层铠装海缆　SA型海缆用于存在一定危险的地方，铠装层将提供足够的抗拉强度和抗冲击强度，以保护缆芯在不同海况下免受强烈的冲击和磨损；满足布放及海底可能存在的各类侵害，适用水深可达2000m，而这是目前捕鱼设备能够达到的最深距离及可能会啃咬光缆的鱼类品种存在的最大深度。结构设计需要在轻型深海光缆之外进行钢丝铠装保护，铠装钢丝的直径通常在3～7mm之间，通常钢丝直径3mm内为细钢丝，4mm以上的为粗钢丝，细钢丝铠装的称为SAL型，粗钢丝铠装为SAH型，SAH型光缆多用在1000～1500m的水域。

（4）双层铠装海缆　DA型海缆用于需对光缆进行高度保护的地区，典型的应用是系统的岸端区域和线路中的浅水区域及带磨蚀性海床地区，适用水域在500m以内，通常是在单铠海缆外再加铠一层而成，典型的钢丝直径在4～7mm间。

（5）岩石铠海缆　RA型海底光缆如

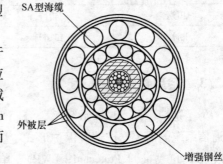

图 3-3　RA型海底光缆

图 3-3 所示, 主要是针对一些无法采用埋设方式布放, 如岩石地带及有磨损或压碎及拖网渔船伤害的危险区域应用, 其最外层铠装采用较粗的钢丝且以较小的节距绞合在海缆上, 通常内层保持正常铠装绞合方式, 内层可为单铠, 也可为双铠。该层小节距铠装钢丝不起抗拉的作用, 仅用来提高产品的耐磨蚀性和抗压性能, 适用水域在 0~200m。

3.3 海底光缆结构及设计要素

从海底光缆的要求及设计目标出发, 海底光缆主要由缆芯、铠装和外被层组成, 其中, 缆芯包括光纤单元、金属抗压管及护套层。海底光缆的铠装和外被层部分的结构形式各海缆生产厂家大致相同, 较大差异主要体现在缆芯的设计与制造上。

3.3.1 光纤单元

1. 光纤

海底光缆应该选择优质的光纤, 由于光纤的抗拉强度取决于光纤表面的最大缺陷深度, 而表面缺陷是一个随机变量, 因此光纤的强度实质上是随机的, 这就给设计和制造大长度海底光缆带来了一定困难, 所以光纤需要筛选。通常对于松套结构海缆及浅海光缆, 光纤筛选应变不得低于 1%, 对于紧结构或深海光缆, 光纤筛选应变不得低于 2%。

影响光缆通信系统传输距离的主要因素包括光纤的衰减系数和色散特性, 许多 WDM 传输系统的关键属性就是光纤的衰减, 它决定了放大器或中继器的间距。通常海底光缆通信系统会根据系统传输距离、传输容量、传输速率及成本造价等方面来选择系统所用的光纤。对光纤的要求是在系统运行期间光传输性能必须稳定, 应能承受敷设深度的长期水压作用及弯曲、氢损、潮气等因素引起的光纤衰减系数的波动。这是因为海缆中光纤衰减损耗以及衰减斜率的稳定性对于通信系统长期可靠运行十分关键, 光缆结构的宏弯曲和微弯曲灵敏度以及宏弯曲、微弯曲的程度影响着光纤衰减损耗以及衰减斜率。除了氢之外, 光纤衰减增加的最主要原因是导致宏弯和微弯的机械应力, 而光缆应力大小又与光缆结构和工艺参数有着密切的关系。

2. 光单元

为避免光纤受力, 将光纤置于光单元中保护, 光纤单元在结构上分为紧套结构和松套结构, 所谓紧套, 是将线胀系数接近光纤的软材料包覆在光纤外以便吸收应力, 两种材料之间没有间隙 (所谓的沙发原理); 松套是将光纤套包在较硬的二次被覆管内并留有一定的余长, 使光纤在管中呈自由的正反螺旋态, 二次被覆层与光纤之间存在间隙（所谓弹簧原理）。合理、均匀、精确的余长控制技术是体现光缆设计制造水平的重要方面之一。

因光纤的形态有单纤和带状光纤两类，因而目前国际上海底光缆光单元结构主要包括以下四种，如图3-4所示。

松套管结构如图3-4a所示，包括塑料松套管及金属松套管。

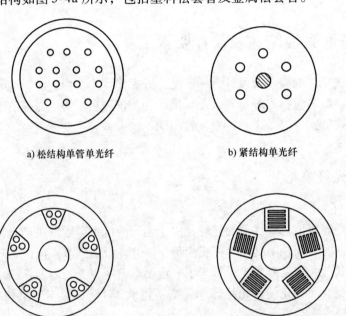

a) 松结构单管单光纤　　　　　　　b) 紧结构单光纤

c) 松结构骨架单光纤　　　　　　　d) 松结构骨架带状光纤

图3-4　几种常见的海底光缆光单元

1）塑料松套管主要选用的材料有聚对苯二甲酸丁二醇酯（Polybutylene Terephthalate，PBT）、聚乙烯、聚丙烯等。这些材料的弹性模量约比玻璃低两个数量级，但因为所用截面比光纤大得多，所以可以改善光纤的拉伸性能，采用松套结构提高了光纤抗侧压性能。基于材料的力学性能等方面，用于海底光缆时多选用PBT材料。在松套管内填充的吸氢触变性油膏对光纤起到缓冲保护的作用，并且还可以阻止氢气的扩散。塑料松套管结构容易获取较大的光纤余长，主要通过光纤放线张力、收线张力及冷却水温等的控制实现，另外，为了保证光纤单元的阻水性能，油膏的填充率需要得到保证。塑料结构很容易剥离，便于光纤的焊接和测试。这种结构主要是美国、英国等采用，国内早期也采用过。

2）金属松套管主要有不锈钢管和铜管。不锈钢管多采用激光焊接方式，在激光焊接时将光纤和触变型油膏引入，铜管可采用氩弧焊方式也可采用激光焊接方式。金属管设计基本上与塑料管设计相同，由于金属比塑料具有更高的弹性模量和屈服强度，从而使得金属管比塑料管在管径壁厚和更高的抗压力上更具有优势，也就是说，可以采用更薄的壁厚（如0.2mm），提高光纤容积率，相比塑料管还省去了额外的抗压管的设计。但是金属松套管相比塑料管不易获得较大的余长，有时需要进行后处理。金属管结构是近来国外采用较多的结构，如美国、法国等，国内目前大量采用的是不锈钢管结构，德国多采用铜管结构。早期曾出现过塑料/金属复合管结构，即PBT塑料松套管外焊接不锈钢管或铜管，这种结构光纤余长较易控制，但制造复杂且光纤占空比低，现已较少采用。

紧结构如图3-4b所示，光纤呈相同间距围绕中心金属丝嵌入柔软的弹性体中，光纤多采用一次涂覆外径为400μm的光纤或二次被覆尼龙的紧包光纤（外径可达600μm），该种结构的光纤几乎没有额外的余长，光缆所受外力极容易完全作用到光纤上。同时，尽管弹性体材料给予光纤一定的保护，但在成缆过程中还是容易产生附加衰减。该结构光纤较难焊接和测试，通常需要用热空气融化弹性体，然后再用小工具细心地取出光纤，因为在除去弹性体时，光纤的丙烯酸酯涂层很容易被损坏，但该种结构的抗纵向渗水性能非常好。国内没有该结构的海缆，国外主要是日本、美国及英国等采用。

骨架型如图3-4c、d所示，骨架型是一种开槽骨架结构，单根或多根光纤（或光纤带）被放入螺旋的塑料凹槽内（包括单螺旋或SZ螺旋），塑料骨架中心为一根钢线。光纤多采用一次涂覆外径为250μm或400μm的光纤，骨架型光缆通常可以形成较大的余长。一般将光纤无张力地放入凹槽中，当光缆受到较大拉伸力时，光纤会从槽口落入槽底，从而避免光纤受到过大的应力，骨架型结构光纤余长主要与骨架槽外径、槽深及螺旋槽节距等有关。与槽外径、槽深成正比，与螺旋槽节距大小成反比，但槽外径和槽深太大会加粗光缆外径，螺旋槽节距过小会影响光纤的弯曲损耗，因此需要综合设计。此外，骨架型结构还有一个突出的优点是其抗侧压性能非常优异。国外使用这一结构较多的是日本、法国、意大利等国，国内早期海底光缆也采用这一结构。图3-5所示为中国电子科技集团公司第八研究所制造的国内第一根实用化海底光缆。

其骨架槽尺寸如下：

上宽×下底×槽深：1.2×1.0×1.1mm；

节距：115mm；

光纤余长控制：0.2%~0.5%。

在紧结构海缆中，光纤紧紧地绕着中心线缠绕。当受到外力的牵引或拉伸时，光纤位置固定，光纤随光缆元件一起移动，在它们之间没有相对移动。而在松结构海缆中，光纤被松松地引入到一个套管或填充了化合物的骨架槽道中，光纤在其所在的管中并不是互相紧挨的，而是有一定的自由空间。这就为光纤提供了一个相对无应变的环境，光纤的长度超过了光缆的长度，当光缆移动时，里面的光纤也可以移动，防止了扭绞，还可以减小外界压力和微弯的影响。紧结构与松结构下的张力与光纤应变之间的关系如图 3-6 所示。

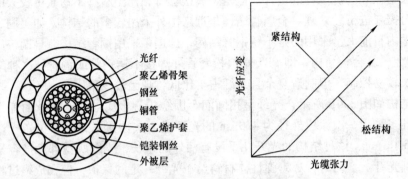

图 3-5　我国第一条实用化浅海光缆结构　图 3-6　两种海缆结构张力与光纤应变关系

从图 3-6 可以看出，松结构中的光纤应变小于紧结构中的光纤应变，这会影响到所要求的光纤应变量筛选等级，也就是通常紧结构海缆光纤筛选应变不得低于 2%，而松结构浅海用海缆光纤筛选应变可为 1%。

此外，由于对超高速宽带传输的需求增长，人们更需要具有较大有效面积的光纤，在成缆过程中，采用紧包缓冲结构的光纤会产生一定程度的弯曲，具有高灵敏度的大有效面积光纤更易受到紧包缓冲损耗增加的影响。图 3-7 所示为两种结构下具有相同模场直径（Mode – Field Diameter，MFD）的光纤衰减。在相同的模场直径下，松套结构光纤在成缆后产生的光纤附加衰减较低。

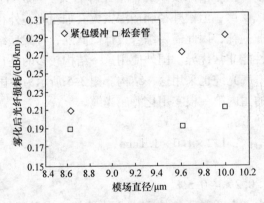

图 3-7　两种结构下相同 MFD 的光纤衰减

长期以来，国外海底光缆结构上都是紧套光缆和松套光缆并存，紧套结构主要采用的是弹性体埋入式，光纤芯数一般为数芯至十几芯；松套结构包括中心管式、层绞式和骨架式。中心管式光缆结构简单、制造容易，光缆受到拉、压、弯、冲击等机械外力时，因光纤位于零应变线上，故其能得到极好的保护，目前最多可达96芯。层绞式可容纳较多的光纤芯数，目前可达数百芯，其制造环节较复杂。骨架式可容纳光纤芯数最多，采用带状光纤可达数千芯。从目前发展趋势来看，越来越多的制造厂家倾向于选择松套管式结构。由于受海底中继器限制，长距离中继海底光缆通信系统用光纤芯数较少，多为十余纤，故大芯数海缆常用于短距离的无中继海底光缆通信系统。

3.3.2 金属抗压管

光缆敷设于深海中，需要承受的水压为 0~80MPa，而缆中光纤又是一个对拉、压等外应力作用较为敏感的物质，极易因流体静压过大引起微弯损耗。因此海缆中必须设置抗压管，从而可以使光纤因静水压引起的微弯达到最小，同时，该管还可起到径向水密的作用，防止因水的渗透引起光纤强度下降。抗压管一般采用金属管，金属管最主要的特点是密封性好、不透水、不透潮、机械强度高，此外，还具有良好的电磁屏蔽作用。线缆中常用的金属管有铝管、铅管、铜管及钢管等。

早在1845年铅套就已用于通信电缆中，铅套便于挤压成型、工艺简单、便于弯由、耐腐蚀性好，但铅套重、机械强度差、不耐震、易疲劳，此外，从环境保护角度考虑，该材料现已较少使用。

铝套重量轻、机械强度高、耐震性及耐蠕变性好，电缆铝套可以有不同种形式，例如挤包、焊接或复合形式，在海底光缆制造时多采用焊接方式，但由于铝和海水会发生电化学反应产生氢气，而氢分子如果扩散到光纤中，则将会导致氢损，故现在海缆中已不用铝管。

目前国内外海缆中广泛采用的是铜管和钢管，铜管具有很强的耐疲劳性，可耐受多次弯曲，铜具有良好的导电性，在中继系统中可作为中继供电用导体。不锈钢管以其优异的力学性能和极高的性价比已被海底光缆大量使用，采用激光焊接的方式，需要高功率源，以达到一定的生产速度。对于无中继海底光缆通信系统，为了有效降低成本，在设计中，根据实际情况，可以单独使用不锈钢管或者是铜管，也可将不锈钢管与铜管结合起来使用的。而对于中继海底光缆通信系统，普遍是将两者结合起来，不锈钢管作为光纤缓冲保护光单元，铜管则起中继供电的作用。

3.3.3 护套层

在海底光缆系统中，聚合物护套在光缆结构中处于不同的位置而具有不同的功能。通常在含有内导体的情况下，需要有聚合物绝缘层。绝缘层的设计主要是保证产品在足够长的使用期内，在受热、机械应力及其他因素致使绝缘老化，以及各种使用条件（如拉伸、弯曲、纽绞）下，仍保证电性能不降低到产品所要求的最低指标，中继海底光缆设计时，除有绝缘层外通常还会有护套层。对于有护套结构，绝缘材料的选择应结合护套结构与材料考虑，对绝缘的机械强度要求可略微降低。无中继海底光缆往往仅有护套层，通常是保护下层的缆芯，使其免受腐蚀和磨损。

自 1956 年第一条越洋电话线缆（TAT1）开始，合成聚合物取代了天然橡胶，成为海底通信线缆绝缘材料的选择。聚乙烯材料具有优良的电气性能、力学性能、热稳定性及加工性能，广泛应用于线缆的绝缘和护套。早期的海底同轴光缆使用了含有 5% 丁基橡胶的高密度聚乙烯，以提高抗腐蚀开裂的能力。现代绝缘材料仍以聚乙烯为基础，用专用添加剂来改善加工和使用性能。作为绝缘材料，聚乙烯的密度范围在 $0.9 \sim 0.97 \mathrm{g/cm^3}$ 之间，包括高密度聚乙烯、中密度聚乙烯和低密度聚乙烯。而高密度聚乙烯有非常低的水汽渗透性（$145 \mathrm{g\mu m/(m^2 \cdot d)}$，38℃，90% RH），聚氯乙烯和聚酰胺的渗速率则较高。光缆长期使用在海水环境中，要求护套具有可靠的耐压强度和绝缘电阻，所以在使用寿命中，护套材料必须保持良好的电性能、力学性能、耐磨性、耐环境应力开裂性和耐化学性能。

缆芯是海底光缆的主体是指护套层以内部分，有时也是深海光缆部分。其结构种类较多，且是否合理与光纤安全运行关系极大。缆芯结构应满足的基本要求有光纤在缆内处于最佳位置和状态，保证光纤传输性能稳定；在光缆受到一定的拉、侧压等外力时，光纤不应承受外力影响；缆芯中的加强元件应能经受允许拉力等。海缆缆芯的形式分为两类，一类含有内增强钢丝，另一类不含有内增强钢丝，其结构如图 3-8 和图 3-9 所示。无内增强层的结构简单、工序较少，多用于无中继海底光缆。

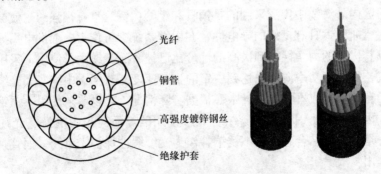

图 3-8 带有内增强的海底光缆

光缆内增强采用高强度钢丝绞制而成，可以是单层，也可以是双层；双层绞合可以是同向，也可以是反向。双层采用正反向绞合时，可以较好地实现扭矩平衡，从而降低光缆在生产及布放过程中的扭力。

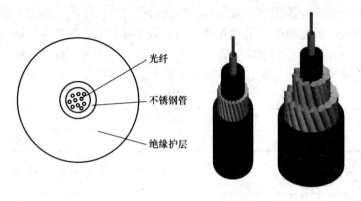

图 3-9　无内增强的海底光缆

国外有一种较为经典的中继海底光缆缆芯结构，其内增强层由双层同向三种异径钢丝绞合而成，结构如图 3-10 所示。三种钢丝尺寸精度配合度要求较高，形成一种围绕中心单元的稳定的拱形结构，从而增加光缆的抗压能力。高强度钢丝由于强度高（≥2000MPa）、弹性大，故绞合之后，钢丝的扭力很大，易产生退扭松股现象，因而紧贴钢丝会焊接一层铜管，使得铜管有效挤压进钢丝间的空隙，从而限制钢丝松股，并可抑制光缆的延伸。钢丝与铜管的组合确保了缆芯在张力作用时较高的整体一致性和较低的光纤应变，该铜管厚度根据系统导体直流电阻的要求，可从 $0.4 \sim 1\text{mm}$，从而达到 $0.5 \sim 1.6\,\Omega/\text{km}$ 的要求。此外，该层钢丝与铜管一起可以形成综合导体，从而减少铜的用量。含有内增强的海底光缆，一旦浅海光缆外部铠装被侵蚀破坏，仍可以提供一定的抗拉强度。

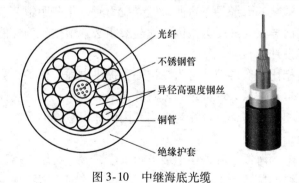

图 3-10　中继海底光缆

3.3.4　铠装层

铠装层是为光缆提供抗拉、抗侧压保护的器件，主要材料为金属钢丝。钢丝对于海底光缆是一种关键性原材料，它确保了海底光缆几乎所有的机械和物理性能，保护光纤免遭外界压力并确保其在海底的稳定性。为确保海底光缆机械强度的同时，有效降低光缆的重量和外径，铠装钢丝可采用高强度等级钢丝。

铠装的设计对海缆力学性能有较大影响，如弯曲性能、拉伸性能、扭力平衡等，单层铠装与双层铠装又有所不同，相关性能联系见表3-3。

表3-3 铠装特性

单铠海缆铠装特性		
	大节距	小节距
拉伸性能	+ +	0
弯曲性能	–	+
抗扭刚度	+	0

双铠海缆铠装特性				
	同向绞合		反向绞合	
	大节距	小节距	大节距	小节距
拉伸性能	+	–	+ +	0
弯曲性能	–	+		+
盘绕性能	+	0	–	–

钢丝绞合时，螺旋铠装将张力转变为试图使海缆扭转的扭转力，对于大节距铠装，其铠装线几乎与缆的轴线平行，因而当受到张力时不会产生很大的扭转力，海缆的张力稳定性好、抗拉强度大，但大节距增加了缆的弯曲刚度，使其不易弯曲。

采用小节距铠装的海缆易于弯曲，但受拉力时，小节距铠装会向内收紧使拉伸性能变差，从而导致光纤受力。因此铠装节距必须根据拉伸性能、缆的稳定性及抗扭性等进行设计。

与单层铠装相比，双层铠装可为抵抗外力提供更强的保护，当两层铠装的绞向不同时，就能阻止锚爪、埋设犁、岩石等带来的锐边刺入，反向绞合双层铠装中，每层的扭力相互平衡，甚至互为抵消。因而深海敷设的海底光缆可设计为扭矩平衡的反向绞合铠装层。

被称作岩石铠的海缆，其外层铠装节距很小，该铠装层不增加抗拉强度，但是能显著提高海缆的抗压性能，且弯曲性好。该种缆用于岩石地带，有磨损或压碎及拖网渔船伤害的危险区，可以较好地防止岩石、渔具等带来的外部伤害。

同向绞合的双层铠装海缆能够扭转和成圈，而反向绞合铠装海缆由于抗拉刚性大、弯曲刚性也很大，在储线和安装时则需要转盘。

海底光缆的耐腐蚀设计从某种意义上是对铠装钢丝而言的，因为作为腐蚀环境的海水，主要影响的是铠装钢丝，而钢丝一旦受腐蚀，其强度就会下降，直至完全失去拉伸性能。为了有效阻止海水腐蚀，铠装钢丝应有镀层保护。铠装钢丝一般采用镀锌钢丝，镀锌层的厚度较厚，可以对钢丝起防腐作用，此外，为了更好地保护钢丝，会在钢丝绞制时浇灌沥青，但在布放或在运行中，未埋设的沥青会受到含沙水流的冲击，从而使沥青层脱落，有资料显示，镀锌层腐蚀速率为 $5 \sim 50\mu m$/年，当镀层消失后，钢丝的腐蚀速率可能会达到 $10\mu m$/年。

国内研发出有防腐的锌铝镁合金镀层钢丝，其生产方法是采用传统的热浸镀技术，将合金镀在钢丝或钢铁制件的表面上，在海洋环境中使用时，其具有牺牲阳极的电化学保护和致密附着性牢固的腐蚀产物膜保护的双重作用，特别是其腐蚀产物膜具有优良的抗腐性和良好的均匀腐蚀性能，其镀层腐蚀深度远比锌镀层低得多，但耐腐蚀性优于热镀锌钢丝，且其耐腐蚀寿命是普通镀锌钢丝的三倍。

也有采用涂塑钢丝的，但当涂塑层受损钢丝外露时，该点会成为薄弱点，反而加速腐蚀。不锈钢丝的耐腐蚀性很好，但由于价格太高，故国外仅在极少数情况下会采用。

3.3.5　外被层

外被层可以防止在制造、敷设及维护过程中光缆受到机械损伤，还可以防腐蚀，兼有缓冲层和防蚀层的双重作用。外被层多采用填充沥青、绕包聚丙烯（PP）绳、聚氯乙烯（PVC）包带的方式。

磨损擦伤会降低铠装钢丝的镀层和沥青的防腐作用，为避免该种损伤，常在海缆外层缠绕聚丙烯或挤包聚合物外被层。聚丙烯绳耐霉烂、耐腐蚀、拉力强、柔软性好，钢丝层及聚丙烯绳外均涂以沥青混合物，其作用是将纤维绳间及各层间粘牢，同时能对钢丝防腐蚀。这是保护海底电缆的一种古老而传统的方法，已被证明对海底光缆也是有效和适用的。此外，外护层也有采用挤制热塑性塑料材料的方式。

通常外层聚丙烯绳绕向与铠装单线相同，否则它们会因为下层钢丝张开而受力破裂。外被层一般都有标记，便于水下布放时看清，通常采用不同颜色的色带加以区别，为了避免沥青在生产和运输及布放过程中受热流淌，外层 PP 绳沥青应稀疏涂上，或在其外再缠绕一层塑料带（如聚氯乙烯）。聚丙烯绳结构外表粗糙，而塑料挤出外包层海缆表面光滑圆整。

3.4　性能设计

3.4.1　力学性能设计

海底光缆的机械设计必须使其能承受在制造、运输、布放、埋设、运行及维修打捞时受到的所有机械外力，包括拉伸、挤压、反复弯曲及冲击等。在安装和修复过程中，海缆要在最大水深处能够承受自身的重量和海底设备的重量，以确保海底光缆能安全、顺利地敷设和日后的可维修。施加在海底光缆上的应力与陆缆的受力有很大区别。如果设计不当，则海底光缆将极易受到损伤，还会使海缆中的光纤在运行期间受到不当的应力，这将会使光纤表面可能存在的裂纹随着时间的推移而逐渐扩大，进而可能导致断裂而需要更换，产生非常巨大的维修代价。

1. 敷设和打捞时张力

海缆在布放和打捞过程中都会受到不同程度的拉力，当拉力在规定范围内时，光纤传输特性不受影响，当超出规定值时，会影响光纤的传输性能，严重时会出现光纤断裂。一般来说，敷设时的张力与海缆水中重量和敷设水深有关，而打捞时的张力与水中重量、敷设水深及海缆所在的海底底质有关，打捞张力远大于敷设张力，打捞速度和打捞角度的增加也会提高海缆的拉力。敷设在浅水区的海缆还要考虑被船锚、渔具等牵钩时受到的张力。

在海底较平坦的区域布放海缆时，如图3-11所示，所受张力由式（3-1）计算。

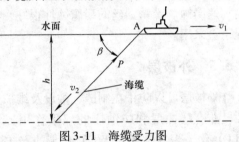

图 3-11　海缆受力图

$$P_A = h\left[w - \dfrac{wDv_1^2\left(\dfrac{v_2}{v_1} - \cos\beta\right)^2}{\sin\beta}\right] \tag{3-1}$$

$$\cos\beta = -\dfrac{\alpha}{v_1^2} + \sqrt{\left(\dfrac{\alpha}{v_1^2}\right)^2 + 1} \tag{3-2}$$

$$\alpha = \dfrac{w}{2c_2 D} \tag{3-3}$$

式中　P——张力；

　　　P_A——放出海缆 A 处张力最大，单位为 N；

　　　h——水深，单位为 m；

　　　w——海缆单位水中重量，单位为 N/m；

　　　D——海缆外径，单位为 mm；

　　　v_1——布缆船速度，单位为 m/s；

　　　v_2——放缆速度，单位为 m/s；

　　　β——海缆入水角，单位为°；

　　　c_2——海缆径向水阻系数。

实际上，当海缆从敷设船上入水时，在敷设滑轮上至少有四部分力与张力有关：

1）敷设船与海底之间海缆的静态重量；

2）海底接触张力，它将转化为敷设滑轮上的额外张力；

3）敷设滑轮与海底接触点之间悬链线的额外重量；

4）敷设滑轮上下运动时的动态力。

静态张力可以表示为 $\qquad P = wh \qquad$ (3-4)

式中 w——海缆单位水中重量，单位为 N/m；

h——水深，单位为 m。

在敷设过程中，光缆并非是垂直地往下放入水中，而是通过船上的制动装置施加一定的张力，使海缆形成一条从敷设滑轮到海底触地点的悬链线，逐渐触及海底。悬链线的形状与海底张力有关，悬链线的长度大于水深，即悬挂在敷设滑轮上的海缆重量大于海缆垂直向下挂下的重量，顶部张力就是敷设滑轮上海缆的张力，可表示为

$$P = \sqrt{P_0^2 + w^2 s^2} \qquad (3\text{-}5)$$

式中 P——张力；

P_0——海底张力，单位为 N；

s——悬链线长度，单位为 m。

当海底张力为零时，悬链线的长度 $s = h$，则式（3-5）简化为 $P = wh$。

波浪会导致施工船运动，引起施工敷设滑轮垂直运动，从而导致在悬链形状的海缆重量上增加了动态力。通过估算悬链线和波浪动力对顶部张力的作用，可以得出两种作用造成的张力增加。通常施工单位会借助专用软件来计算生成的各类张力，从而指导敷设施工。

海缆打捞时张力。用捞缆锚或用缆绳打捞提升未断的海缆，海缆在牵挂点受力最大，在船只颠簸起伏不大的情况下，在该点海缆所受拉力可由式（3-6）~式（3-8）近似求取。

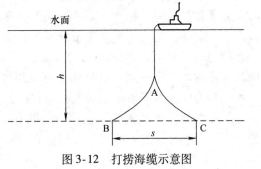

图3-12 打捞海缆示意图

$$P_A = P_B + wh \qquad (3\text{-}6)$$

$$P_B = P_C = \frac{wh}{3s} \qquad (3\text{-}7)$$

$$s = \frac{v_2 - v_1}{v_1} \times 100\% \tag{3-8}$$

式中　P_A——抓缆锚 A 处张力最大，单位为 N；

　　　h——水深，单位为 m；

　　　w——海缆单位水中重量，单位为 N/m；

　　　v_1——布缆船速度，单位为 m/s；

　　　v_2——放缆速度，单位为 m/s；

　　　s——海缆布放余长（%）。

海缆回收打捞时张力有一个简单的计算公式如下：

$$P = Mwh \tag{3-9}$$

式中　w——海水中光缆重量，单位为 N/m；

　　　h——水深，单位为 m；

　　　M——打捞系数，可取 2.5~3。

在不考虑打捞修理时，海缆的最大敷设深度可按式（3-10）计算。

$$h_{max} = \frac{F}{w} \times 1000 \tag{3-10}$$

式中　h_{max}——最大敷设深度，单位为 m；

　　　F——海缆允许的最大拉力，单位为 kN；

　　　w——海缆水中重量，单位为 N/m。

2. 强度设计

海缆抗拉强度设计实际上是铠装的设计，铠装提供了足够的强度来满足海缆的布放、运行和回收所需的机械力。海缆抗拉强度设计主要包括以下指标：

1）断裂拉伸负荷又称为极限抗拉强度（Ultimate Tensile Strength，UTS），是海底光缆被拉断时的张力，即拉伸元件的强度值。但该值在施工或正常运行时不会出现，实现上是一个更侧重于计算的数值，通常在拉伸试验时验证。

2）短暂拉伸负荷（Normal Transient Tensile Strength，NTTS）是海底光缆在回收作业时累积所受到的短时间（通常在 1 小时之内）的且释放后对海底光缆的光学和力学性能无影响的最大张力，也是光缆可以施加的最大短时张力。该值表征了光缆的抗过载能力，在 NTTS 张力下，海缆及缆中光纤将产生一定的应变，光纤产生可控的衰减变化，但张力释放后，其性能应恢复。

3）工作拉伸负荷（Normal Operation Tensile Strength，NOTS）是海底光缆在施工作业（包括敷设、维修）所需的时间内（通常在 48 小时之内）受到的且释放后对海底光缆的光学和力学性能无影响的最大平均张力。该值下海缆会产生应变，光纤不产生或有极小的应变，张力释放后，其性能恢复。

4）永久拉伸负荷（Normal Permanent Tensile Strength，NPTS）是海底光缆敷设到海底后在正常运行时可以持久施加的最大残余张力，也是海底光缆可正常工作 25 年的张力。

当海缆受到张力时，其承受的张力是按铠装元件的弹性模量与截面积的乘积呈正比例分配的。相同截面时，拉伸元件的弹性模量越大，其抗拉强度越大，因此拉伸元件应该选用高弹性模量的材料。钢丝以其高模量（单根钢丝的弹性模量在 190GPa 左右，钢绞线的弹性模量在 170GPa 左右）、低线胀系数、性能长期稳定且价格较低的特点成为海底光缆铠装元件的首选材料。早期海缆中多选用低强度的钢丝，为了降低海缆的重量及外径，且随着技术与制造工艺的进步，现在除了特殊情况，一般多采用中高强度钢丝。此外，在一些特殊应用场合，拉伸元件也有采用非金属芳纶纤维的，其弹性模量在 110GPa 左右，需要指出的是采用芳纶增强结构时，其对侧面碰撞（如锚、渔具的冲击）的保护作用较小。

海缆抗拉强度计算如下：

$$F = N \frac{\pi d^2}{4} \cdot \sigma \cdot \sin\alpha \qquad (3\text{-}11)$$

式中　F——海缆抗拉强度，单位为 kN；

　　　N——钢丝根数；

　　　d——钢丝直径，单位为 mm；

　　　σ——钢丝单位面积抗拉强度，单位为 N/mm^2；

　　　α——钢丝绞合角，单位为°。

钢丝绞合角计算如下：

$$\alpha = \arctan \frac{p}{\pi D'} \qquad (3\text{-}12)$$

式中　p——绞合节距，单位为 mm；

　　　D'——节圆直径（缆芯直径 + 钢丝直径），单位为 mm；

　　　α——钢丝绞合角，单位为°。

钢丝根数计算公式如下：

$$N = \frac{\pi(D + d)\sin\alpha}{d} \qquad (3\text{-}13)$$

式中　N——钢丝根数；

　　　D——缆芯直径，单位为 mm；

　　　d——钢丝直径，单位为 mm；

　　　α——钢丝绞合角，单位为°。

计算结果取整。钢丝应该紧密完整地绕包在内层缆芯上，并且钢丝之间的总和不应超过一根钢丝的直径。

在设计计算时，需要根据海缆的拉伸负荷性能要求，对钢丝外径、钢丝根数、钢丝强度及钢丝绕包角等进行反复代入计算，直至满足指标。当钢丝的绞合节距合理时,可以使光缆在拉伸力下的扭绞最小,同时保证光缆的柔软性。

当某一张力施加于海缆时,铠装的伸长率表示为

$$\varepsilon = \frac{\sigma}{E} = \frac{F}{E \cdot S} \tag{3-14}$$

式中 ε——物体的相对伸长变形率(%);

σ——单位截面积上所受张力,单位为 N/mm^2;

E——材料的弹性模量,单位为 N/mm^2;

F——物体所受张力,单位为 N;

S——横截面积,单位为 mm^2。

双层铠装的总张力包括内层铠装张力和外层铠装张力。

$$F = F_1 + F_2$$

$$\frac{F_1}{F_2} = \frac{S_1 E \sin\alpha_1}{S_2 E \sin\alpha_2} \tag{3-15}$$

式中 F_1——内层铠装钢丝的张力,单位为 N;

F_2——外层铠装钢丝的张力,单位为 N;

S_1——内层铠装钢丝的面积,单位为 mm^2;

S_2——外层铠装钢丝的面积,单位为 mm^2;

α_1——内层铠装绞合角,单位为°;

α_2——外层铠装绞合角,单位为°;

E——内、外铠装钢丝的弹性模量,单位为 N/mm^2。

NTTS、NOTS、NPTS 三者所取的允许应变 ε 不同,当加强件的 E、S 以及允许应变 ε 确定时,由式(3-15)可计算出加强件的 NTTS、NOTS 及 NPTS。

通常在设计中,永久拉伸负荷根据不同结构可取断裂拉伸负荷的 20% ~ 25%;工作拉伸负荷根据不同结构可取断裂拉伸负荷的 30% ~40%;短暂拉伸负荷根据不同结构可取断裂拉伸负荷的 50% ~60%。岩石铠海缆由于其外层铠装钢丝主要起耐磨作用,而不是起拉伸作用,因此这个比值要小得多。

3. 抗压性能

抗压性能是指海缆能够承受的侧压力。当光纤受到侧压力时,就会产生微弯曲,其结果是部分光会反射到光纤外面去,从而增加损耗。光缆结构设计时,要求不增加光纤受到的侧压力,同时又要求即使受到侧压力也不增加损耗。就是说在规定范围内,光纤的传输性能不会变化。当侧压力超过规定值时,海缆内的光纤损耗会增加,传输性能劣化,直至通信中断。海缆在使用时,所受侧压力主要有来自布缆船滑轮的侧压力、打捞时卷扬机鼓轮对光缆的侧压力,还有海缆堆放在缆仓时会受到与层高成正比的侧压力,此外,在恶劣的天气情况下,重达 20t 的光缆犁会在回收时在悬垂光缆上施加巨大的侧向负载。

侧压力描述的是单位长度的力，通常表示为（N/100mm），当海缆卷绕在滑轮上时，承受一定的张力，海缆所受侧压力如下：

$$\sigma = \frac{F}{R} \tag{3-16}$$

式中　σ——侧压力，单位为 N/mm；

　　　F——拉力，单位为 N；

　　　R——滑轮半径或弯曲的半径，单位为 mm。

从式（3-16）可以看出，绕在轮上的海缆所受侧压力与弯曲半径成反比，与施加的拉力成正比。与海缆的拉力计算不同，至今没有海缆的侧压力大小的计算公式。

我们容易理解的是，双层铠装的海缆允许侧压力明显大于单层铠装海缆，短节距的岩石铠海缆的允许侧压力应该更大。

4. 弯曲性能

抗弯曲性能指海缆弯曲形变的性能。当光缆在存贮、运输、布放施工时，受外力作用会产生一定程度的弯曲，海缆在弯曲中和弯曲后，其光纤损耗变化应在规定范围内。光纤的弯曲损耗是光纤整体损耗的重要组成部分，当海缆弯曲特性较差时，就会危及缆内光纤，使光纤损耗增加。抗弯曲性能包括弯曲、反复弯曲和扭转等。

设计制造的海底光缆应能满足布缆船的设备、设施，小的海缆直径和弯曲半径可以更好地适应船上滑轮及绞盘，另外，小的海缆弯曲半径可以使运输所需的空间减小，使可用于敷设的海缆长度更长。由于目前布缆船滑轮标准直径多为 3m，所以建议所有海缆类型的弯曲直径应在 3m 以下。

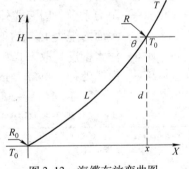

图 3-13　海缆布放弯曲图

海底光缆从敷设船自由沉入海底处在悬链线上，通常会有上下两个弯曲，如图 3-13 所示，布放时施加一定张力，可以使弯曲半径在允许的范围内。上弯曲是海缆入水的自由弯曲，容易控制，下弯曲是海缆沉入海底自由接触海底时的弯曲。

上弯曲半径　　　　　$R = \frac{T_0}{9.8w} \cosh^2 \left(\frac{9.8xw}{T_0} \right)$ 　　　　(3-17)

下弯曲半径　　　　　$R_0 = \frac{T_0}{9.8w}$ 　　　　(3-18)

悬垂轨迹线缆长度　　$L = \frac{T_0}{9.8w} \sinh \left(\frac{9.8xw}{T_0} \right)$ 　　　　(3-19)

式中　T_0——退扭力，单位为 N；

$$x = \frac{T_0}{9.8w}\cosh\left(\frac{yT_0}{9.8w} + 1\right);$$

$$y = \frac{T_0}{9.8w}\cosh\left(\frac{xT_0}{9.8w} - 1\right);$$

　　　w——海缆在海水中重量，单位为 kg/m。

保证下弯曲在允许半径内的布放张力为

$$T = \frac{9.8wd}{1 - \cos\alpha} \qquad (3\text{-}20)$$

式中　T——海缆的张力，单位为 N；

　　　w——海缆在水中重量，单位为 kg/m；

　　　d——水深，单位为 m；

　　　α——入水角，单位为°，且

$$\alpha = \arctan\frac{H}{v};$$

式中　v——船速，单位为 m/s 或节；

　　　H——海缆沉降速度，单位为 m/s 或节，且

$$H = \left(\frac{2gw}{c\rho D}\right)^{1/2}$$

式中　g——自由落体加速度，9.8m/s^2；

　　　c——阻力系数，因海缆外表结构不同而有差异，可通过实验测定，塑料表面海缆为 1，麻护层为 1.5，有时施工中近似取 1.2；

　　　ρ——海水密度，取 1.025，单位为 kg/m^3；

　　　D——海缆外径，单位为 mm。

表 3-4 给出了 GJB 4489—2002 海底光缆通用规范推荐的力学性能典型值。

表 3-4　GJB 4489—2002 海底光缆力学性能表

项　目	海底光缆类型			
	A	B	C	D
断裂拉伸负荷（UTS）/kN	400	180	100	50
短暂拉伸负荷（NTTS）/kN	240	110	70	30
工作拉伸负荷（NOTS）/kN	120	60	40	20
反复弯曲/次	30	50	50	50
最小弯曲半径/m	1.0	0.8	0.8	0.5
冲击（落锤重量）/kg	260	160	130	65
抗压/（kN/100mm）	40	20	15	10

注：A 型适用于中碳钢丝双铠浅海光缆，B 和 C 型适用于单铠浅海光缆，D 型适用于深海光缆。

5. 机械稳定性

在给定流速的情况下，海底光缆的稳定性由式（3-21）表示。

$$v = \frac{2w}{\sqrt{\rho D \left(\dfrac{C_D}{U} + C_L \right)}} \tag{3-21}$$

式中　v——垂直于海底光缆使其移动的速度，单位为 m/s；

　　　w——海缆水中重量，单位为 N/m；

　　　ρ——海水密度，单位为 kg/m^3；

　　　D——海缆的直径，单位为 m；

　　　C_D——阻力系数，通常取 1.2；

　　　U——光缆与海底的摩擦因数，通常在 0.2～0.4 范围内；

　　　C_L——升力系数，通常取 1.2。

由于海底光缆的流动速度随着光缆直径增加，所以采用直径小的海缆有利于提高海缆的稳定性。因此，平均横向流作用对小直径光缆比对较大直径光缆的影响更小。同时，高密度光缆在海底涌流中有更好的稳定性，可以减少磨损。事实上，将光缆直埋，且光缆密度大于海床物质的密度时，光缆的移动可以减到最小。

6. 抗扭设计

海底光缆打扭是海底光缆敷设过程中极容易发生的问题。从光缆设计、制造角度出发，扭转产生的原因一是钢丝绞合产生的弯曲变形，二是由于钢丝绞向使得光缆受到拉力作用进而产生的扭转。一般来说，单铠缆在拉力作用下会引起光缆扭转，在水下布放时，在光缆机械拉力最小的地方会打圈或打结，极易导致故障，为降低单层钢丝铠装引起的扭应力，工艺上多采用钢丝预变形技术。而采用正反向绞合的双层钢丝铠装结构较有利于消除钢丝绞合时缆的扭应力，实现扭矩平衡。

海缆在拉伸强度下的扭矩计算如下：

$$M = \frac{d^2 Z \cdot \sigma \cdot m D'}{8 \left[1 + \left(\dfrac{m}{\pi} \right)^2 \right]} \tag{3-22}$$

$$m = \frac{P}{D'}$$

式中　M——扭矩，单位为 N·m；

　　　d——绞层单丝直径，单位为 mm；

　　　Z——绞层单丝根数，单位为 mm；

　　　σ——单丝的拉伸应力，单位为 N/mm^2；

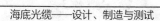

D'——节园直径，单位为 mm；

P——绞合节距，单位为 mm。

扭矩 M 依据绞合方向有正负取值，要获得扭力平衡，则希望 $\sum M_i = 0$，因而需要在结构和工艺参数上进行精心设计。

3.4.2 耐水压设计

海底光缆需要承受最大深度下的水压并在敷设过程中不受到损坏。海底光缆的耐水压包括两个方面，即径向耐水压与纵向耐水压。一方面，海底光缆敷设在海底，长期受到与敷设水深相关的水压作用，故要求海缆能够承受水深的压力，水深每增加 10m 即增加一个大气压，也就是 100kPa，目前国际上跨洋海缆最大敷设深度考虑为 8000m，达 80MPa，也就是说，在如此高的水压下，起通信作用的光纤不应产生额外的附加衰减，也就是要满足一定的径向耐水压。另一方面，要满足纵向耐水压要求，也就是海底光缆全截面上能在使用水深上具有纵向阻止水渗入的性能，以满足海缆打捞维修的要求。海缆敷设在水下，如遭遇意外发生断裂，则需要进行打捞维修，通常维修时间需要 10 天以上。

1. 耐静态水压设计

海底光缆常用金属抗压管包括不锈钢管与铜管，耐静水压设计主要是确定管子的结构尺寸及壁厚。国内海底光缆光单元现多采用不锈钢管结构，即将光纤置于不锈钢管内，钢管兼具抗压管的功能。激光焊接金属管的一个重要特点是具有坚固耐久性，它可以为光纤提供良好的机械保护，当光缆置于很深的海水中时，可保护光纤免受水压作用而可靠运行。但金属管受到足够大的液压时会断裂，当液压作用于金属管时，管材中将存在应力。为了安全可靠地使用，液压引起的最大应力不应超过管子的屈服应力。对于初始径向变形为 μ_0 的圆管，液压阻力可以通过式（3-23）计算。

$$\sigma_y \geq \sigma_{\max} = \frac{PR}{t} + \frac{6PR\mu_0}{t^2} \cdot \frac{1}{1 - \dfrac{P}{P_{CR}}} \tag{3-23}$$

式中　σ_y——屈服应变；

$\sigma_{\max}$——压力引起的最大应力；

P——液压；

R——金属管的半径（从管中心到管壁中心的距离）；

t——管的壁厚；

μ_0——定义为初始金属管的半径与椭圆形管最小半径的差值；

P_{CR}——临界压力。

由式（3-23）得出钢管的临界压强可简化为

$$P_{CR} = \frac{\sigma_y \cdot t}{R} \tag{3-24}$$

式中　σ_y——钢管屈服应变，单位为 MPa；

　　　t——钢管壁厚，单位为 mm；

　　　R——$D/2 - t/2$，单位为 mm；

　　　D——钢管外径，单位为 mm。

此外，抗压管壁厚也可由 Von Mises 方程计算

$$p = \frac{\sigma(k^2 - 1)}{\sqrt[3]{k^2}} \tag{3-25}$$

式中　p——管子外压，单位为 Pa；

　　　σ——材料屈服强度，单位为 MPa；

　　　k——管子外径与内径之比。

2. 耐纵向渗水设计

海底光缆布放在海水中，在长期运行过程中，会因人为或自然原因造成海缆断裂，为了避免海水贯通海缆，使海缆具备可维修性，要求海缆在规定水深下具有耐纵向海水渗入能力。

海底光缆绝大部分故障都是由捕捞和船只抛锚造成的。我国沿海附近海域海底底质一般为含水较多的泥或泥沙（采用重力样状采样器采样时，75% 以上的采样点贯穿深度达 2～4m）。在底质如此之软的海底，船锚的贯穿深度相当大，尤其是风力稍微增大时，非常容易走锚，从而使其船锚贯穿深度进一步加大，如果走锚路径穿越海缆路由，则必将造成海缆损坏。

当然也有地震、海啸等自然灾害造成的海缆断裂事故，如 2006 年 12 月 26 日我国台湾恒春附近海域相继发生 7.2 级、6.7 级地震，地震发生的地区是有大量国际海底光缆经过的海域，造成震中附近 14 条国际海底通信海缆断裂，引发了互联网、数据业务等大面积阻断事件。我国至欧洲大部分地区和南亚部分地区的语音通信接通率随即明显下降；至欧洲、南亚地区的数据专线大量中断；互联网大面积拥塞、瘫痪，雅虎、MSN 等国际网站无法访问，1500 万 MSN 用户长期无法登陆，一亿多中国网民一个多月无法正常上网，日本、韩国、新加坡等地网民也受到影响。由于事发海缆中断的海域水深达 3000～4000m，加之当时气候恶劣，因此海底光缆修复工作进展较慢，五艘海缆维修船经过一个月努力，才将断裂的海缆修复。

国际上公认以 14 天为期限，浅海（水压小于 5MPa）进水长度不超过 250m，深海（最高水压 80MPa）的进水长度在 1000～2000m。我国国家军用标准 GJB 4489 海底光缆通用规范规定，海底光缆在 14 天时间内，5MPa 水压下的进水长度不大于 200m，50MPa 水压下，进水长度不大于 1000m。

抗纵向渗水设计主要是对海缆缆芯全截面进行水密材料的填充，在结构间隙及层与层间进行阻水材料的选填。其中，对于不锈钢管中触变性油膏的填充率要求高于90%，钢丝内增强层间隙间过盈填充，阻水纱与阻水带应为耐海水材料。海水渗入长度可参考 Hagen – Poiseuill 公式

$$L = k(Pt)^{1/2} \tag{3-26}$$

式中　L——海水渗入长度，单位为 m；

　　　P——水压，单位为 bar；

　　　t——进水持续时间，单位为天；

　　　k——常数（与海缆结构、工艺、材料有关）。

为了避免由于人为因素造成海缆断裂而导致巨大的损失，现多采用埋设的方式对海缆进行保护。有资料显示，未加埋设的海缆抵抗船锚的冲击破坏能力较低，埋设为 1.5m 深的海缆可以抵抗小型船锚和部分中型船锚的冲击，埋设深达3m 的海缆可以抵抗中型船锚的冲击，但尚不能抵抗大型船锚的冲击，国外目前海缆埋设深度可达 6m，据报道在新加坡海域更是达到惊人的 10m，因此在可能的条件下，建议海缆进行更深的埋设以获取最大的保护。

3.4.3　电气性能设计

为了满足中继海底光缆通信系统的供电要求，海底光缆中需要有供电导体，供电导体可以采用铜导体也可采用铝导体，结构形式可为绞线也可为管状体。

导体电阻是系统的一个重要性能参数，导体材料的电阻率与温度有关，见表3-5，相关计算公式如下：

$$R_\theta = R_{20}\left[1 + \alpha(\theta - 20)\right] \tag{3-27}$$

式中　R_θ——在温度 θ℃时的电阻率；

　　　R_{20}——20℃时电阻率；

　　　α——电阻的温度系数。

表 3-5　导体的电阻率及其温度系数

	铜	铝
R_{20} 为 20℃时电阻率/$(\Omega \cdot m)$	1.7241×10^{-8}	2.864×10^{-8}
α 为电阻的温度系数/℃$^{-1}$	0.00393	0.00407

实际上，中继海底光缆选择更多的结构形式为铜管，因为除了其具有优异的导电性能，铜管还可以很好地阻挡氢气，起到挡氢层的作用。无中继系统中海底光缆有时也需要故障探测用导体，这时可直接选用一些钢丝，但由于钢的电阻率较低（$0.11\Omega \cdot mm^2/m$），故有时也采用绞合少量铜线的方式。

导体电容为

$$c = \frac{\varepsilon_{\mathrm{r}}}{18\ln(D/d)} \times 10^{-9} \tag{3-28}$$

式中　c——单位长度电容，单位为 F/m；

　　　ε_{r}——介质介电常数，PE 取 2.3；

　　　d——导体直径，单位为 mm；

　　　D——绝缘外径，单位为 mm。

对称电缆的电容可由式（3-29）计算。

$$c = \frac{k\varepsilon_{\mathrm{r}}}{36\ln(2a/d)} \times 10^{-9} \tag{3-29}$$

式中　a——两导线中心距，单位为 mm；

　　　k——绞合系数。

其他含义同上。

中继海底光缆系统的直流电源功率计算由式（3-30）表示。

$$P_{\mathrm{t}} = P_{\mathrm{c}} + P_{\mathrm{set}} \tag{3-30}$$

式中　P_{t}——总功率，单位为 W；

　　　P_{c}——海缆消耗的功率，单位为 W；

　　　P_{set}——海底设备消耗的总功率，单位为 W。

$$P_{\mathrm{t}} = LRI^2 + NP_{\mathrm{se}} \tag{3-31}$$

式中　L——系统的总长度，单位为 km；

　　　R——光缆导体的线性电阻，单位为 Ω/km；

　　　I——电流，单位为 A；

　　　N——海底设备的数量；

　　　P_{se}——一台海底设备消耗的平均功率，单位为 W。

系统中的电压 U_{t} 可由式（3-32）简化。

$$U_{\mathrm{t}} = U_{\mathrm{c}} + U_{\mathrm{set}} = \frac{P_{\mathrm{c}}}{I} + \frac{P_{\mathrm{set}}}{I} = LRI + \frac{P_{\mathrm{set}}}{I} \tag{3-32}$$

显然，使用低电流、低电阻、高电压有利于系统实现远距离供电要求。

绝缘层必须保证产品具有良好的电气性能，即在使用期限内，在受热、机械应力及其他因素导致绝缘老化的情况下，仍须保证电性能不降低到产品所要求的最低指标。绝缘层的设计包括绝缘材料的选择及绝缘厚度的确定。

绝缘上所加的直流电压 U 与泄漏电流 I 的比值称为绝缘电阻 R，即

$$R_{\mathrm{i}} = \frac{U}{I} \tag{3-33}$$

在均匀电场下绝缘电阻与绝缘厚度 δ 成正比，而与导体面积 A 成反比，即

$$R_{\mathrm{V}} = \rho_{\mathrm{v}} \frac{\delta}{A} \tag{3-34}$$

式中 ρ_v——体积绝缘电阻系数，单位为 $\Omega \cdot cm$；

影响绝缘电阻系数的主要因素包括温度、电场强度及杂质等。

（1）温度因素 绝缘电阻系数随温度上升而迅速下降，服从如下指数近似公式

$$\rho_v = a e^{-a}\theta \tag{3-35}$$

式中 θ——温度，单位为°；

　　a——常数，与绝缘材料有关。

（2）电场强度因素 在电场强度较低时，绝缘电阻系数与电场强度几乎无关；在电场强度较高时，由于离子迁移率增加，绝缘电阻系数会迅速下降。

（3）杂质因素 各种杂质离子，特别是水分会大大降低绝缘电阻系数，含有杂质的绝缘吸湿后其绝缘电阻系数下降的趋势尤为显著。

单芯电缆绝缘电阻计算公式如下：

$$R_i = \frac{\rho_v}{2\pi}\ln\frac{r_i}{r_c} \tag{3-36}$$

式中 R_i——单位长度绝缘电阻；

　　ρ_v——绝缘电阻系数，单位为 $\Omega \cdot cm$，PE 多为 $10^{16} \sim 10^{17}$；

　　r_i——绝缘外半径，单位为 cm；

　　r_c——导体外半径，单位为 cm。

绝缘径向电场可由 Laplace 公式计算

$$E_r = U_t / \left[r\ln\left(\frac{r_i}{r_c}\right) \right] \tag{3-37}$$

式中 E_r——径向电场，单位为 kV/mm；

　　r——绝缘到电缆中心的距离，单位为 mm；

　　U_t——施加在绝缘体上的电压，单位为 V；

　　r_i——绝缘体的外径，单位为 mm；

　　r_c——绝缘体的内径，单位为 mm。

3.4.4　温度性能设计

海缆温度的使用范围与其所选用的材料温度范围息息相关，通常所用材料的温度范围都应满足海缆的使用要求。此外，海缆结构设计时，必须对光缆的综合温度线胀系数进行核算，确保光缆在高温下不受力，在较低温度下光纤弯曲又不影响传输性能。光缆的综合温度系数取决于光缆中所用的各种材料及其截面积、材料弹性模量、材料的线胀系数等。光缆的等效线胀系数为 α_e，可按式（3-38）求得。

$$\alpha_e = \sum (\alpha_i \cdot E_i \cdot S_i) / \sum (E_i \cdot S_i) \tag{3-38}$$

式中 α_e——海缆等效线胀系数；

α_i——第 i 个元件的线胀系数；

E_i——光缆中第 i 个元件的弹性模量；

S_i——第 i 个元件的横截面积。

光缆的等效线胀系数越接近光纤的线胀系数越好，当光缆的环境温度由室温 T_0（约 25℃）降到 T_i（也可以是升温）时，光缆的长度（取一绞合节距长度或光纤的分布节距）将会改变 Δh（余长），并满足热膨胀定律。

$$\Delta h = (T_0 - T_i) \cdot \alpha_e \cdot h \tag{3-39}$$

这一余长的增加会导致光纤的弯曲，影响光纤的传输性能和使用寿命，所以要求海缆的材料应具有较高的抗拉强度和弹性模量，而且要求有较低的线胀系数。核算结果应满足

$$\Delta h / h + \varepsilon < \varepsilon_{max} \tag{3-40}$$

也就是光缆在允许最低温度下产生的余长 + 光缆中的光纤余长 < 光纤在光缆中允许的最大余长。

海底光缆的工作温度范围通常在 5~35℃ 之间。前一个温度只有在高盐度的深水中才能达到，而后一个温度则适用于热带或赤道浅水区。为了满足光缆的贮存和运输，需要更宽的温度范围（如 -20~50℃）。GJB 4489 海底光缆通用规范规定了海底光缆的工作温度为 -10~40℃，贮存温度为 -20~50℃。实际上，这一温度范围对于海底光缆来说很容易达到。

3.4.5 可靠性设计

1. 余长设计

海底光缆中光纤的余长控制技术是关系到海缆寿命的重要参数，因为光纤应变的大小实际上影响着光纤的机械寿命，海底光缆在施工维护过程中不可避免地会承受较大的张力，特别是在维修过程中，要把百米甚至数千米的光缆从海底捞起，除了光缆的自重引起的张力外，还要加上两端紧缩引起的张力，光缆的伸长率会超过 1%。如果缆内光纤不留余长或余长太少，则必然会导致光纤受力，这不仅会引起光纤损耗增加，而且会使光纤的寿命下降，导致整个系统的使用寿命缩短。为了把在成缆、敷设施工及光缆寿命期间的运行条件所引起的光纤应变减到最小，需要进行光纤余长的设计，光纤余长是指光纤长度与光缆长度的差值，光缆中光纤余长可以使光缆在受到拉伸应变时，光纤的应变低于光缆的应变，甚至完全没有应变。光纤余长常以百分比表示，见式（3-41）

$$\varepsilon \equiv \frac{L_f - L_c}{L_c} \times 100\% \tag{3-41}$$

式中　　ε——光纤余长；

　　　　L_f——光纤的长度；

　　　　L_c——光缆的长度。

光纤余长主要针对松管式结构而言，紧结构光纤余长为零。光纤余长是由于光纤的弯曲而形成的，为了使光纤在整个寿命期内的机械强度是可靠的，光纤的曲率半径应当保持在一个安全值附近，而且应避免微弯损耗。

中心管式光缆中的光纤余长是在松套管制作时决定的，之后的工续不会增加光缆中的光纤余长，如果工艺控制不当，则反而有可能消除一些原管中的光纤余长。

绞合式光缆的光纤余长由两部分组成，一部分是松套管本身的余长，另一部分是由于松套管绕着中心元件螺旋形扭绞而产生的绞合余长。海底光缆除大芯数时采用绞合式海缆结构外，多数采用中心松套管式。

光缆中光纤余长需要合理选择，余长越大，安全工作负载越大，使用温度越高（减小伸长应力），但余长越大，当低温收缩时，光纤因弯曲半径过小，而产生的弯曲损耗越大，因此光纤余长又不能过大，需要综合考虑。中心管式光纤余长通常略大，约为 0.1% ~ 0.3%，由于海底光缆使用温度不是太低，因此光纤余长可以适当放大。在层绞式结构中，松套管的余长通常较小，约为 0 ~ 0.1%，通过绞合余长达到设计值。此外光纤余长应在管内全长上均匀分布，不能有任何一点与管壁相粘（塑料松套管），否则无余长的和触壁的地方就会由于应力集中而发生断裂。

光纤在松套管中的分布一般是随机状态的，但最可能又便于数学描述的有两种分布，其一是正弦分布，其二是螺旋分布，如图 3-14 所示。

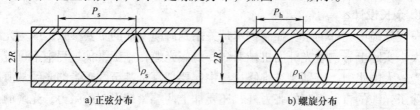

a) 正弦分布　　　　　　　　　　b) 螺旋分布

图 3-14　光纤在松套管中两种典型分布

对于正弦分布，松套管（也是中心管式光缆）中光纤余长和光纤弯曲半径计算公式为

$$\varepsilon = \left\{ (1 + k^2)^{1/2} \left[1 - \frac{1}{4} \times \left(\frac{k}{\sqrt{1 + k^2}} \right)^2 \right] - 1 \right\} \times 100\% \qquad (3\text{-}42)$$

式中　　$k = (2\pi R_e / P_s)$；

　　　　R_e——松套管的等效内半径；

　　　　P_s——光纤作正弦分布的节距。

而　$R_e = R - 1.16 \sqrt{n} \cdot d_f/2$

$$\rho_s = \frac{P_s^{\ 2}}{(2\pi)^2 R_e} \tag{3-43}$$

式中　ρ_s——最小弯曲半径;

　　　R——松套管内半径,单位为 mm;

　　　n——松套管内光纤芯数;

　　　d_f——光纤的外径,单位为 mm。

对螺旋分布,松套管(也是中心管式光缆)中光纤余长和光纤弯曲半径的计算公式为

$$\varepsilon = \left\{ \left[1 + \left(\frac{2\pi R_e}{P_h} \right)^2 \right]^{1/2} - 1 \right\} \times 100\% \tag{3-44}$$

$$\rho_h = R_e \left[1 + \left(\frac{P_h}{2\pi R_e} \right)^2 \right] \tag{3-45}$$

式(3-44)和式(3-45)中各参数含义同式(3-42)和式(3-43)。

由上面各式可以求出中心管式光缆中光纤余长、光纤半径、分布节距、纤芯数和松套管内径间的关系。这些公式在设计计算中心管式光缆时有一定参考价值。

层绞式缆芯绞合时会涉及缆芯尺寸的计算,见表3-6。例如外径为 D 的 N 个绞合元件单层绞合成缆芯时,中心加强构件直径 d 和缆芯直径的相应关系如式(3-46)。

$$D_1 = D \left[1/\sin(\pi/N) - 1 \right] \tag{3-46}$$

式中　D_1——缆芯外径,单位为 mm;

　　　D——绞合单元外径,单位为 mm;

　　　N——绞合单元的根数。

表3-6　相关缆芯尺寸计算表

缆合元件数	缆芯直径 D	中心件直径 d
3	2.155D	0.155D
4	2.414D	0.414D
5	2.701D	0.701D
6	3D	D
7	3.305D	1.305D
8	3.613D	1.613D
9	3.924D	1.924D
10	4.236D	2.236D
11	4.549D	2.549D
12	4.864D	2.864D

2. 抗氢设计

氢气引起的损耗（氢损）已经成为影响海底光纤系统长期可靠性的一个主要因素。对于海底光缆来说，有一个重要的问题就是纤芯材料硅和氢气会产生化学反应，这将导致光纤在其工作波长上的衰减增加。如何限制氢损的影响非常重要，光纤抗氢保护是系统长期可靠性的一个关键因素。此外，在系统设计时需要考虑氢损的冗余设计。

氢之所以会造成光缆中的信号衰减，主要是由于光纤核心材料与氢的化学反应，呈分子状态的氢在1100～1600nm 波长范围内产生一系列易于识别的尖锐的吸收峰，其中包括在1240nm 处的一个特强窄峰，如图3-15 所示。

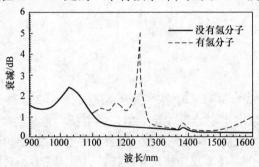

图 3-15　氢引起的光谱衰减

这一吸收峰被人们认为是光纤中氢分子存在的证据。有相关实验观察到，在1240nm 处由氢引起的损耗是在工作波长为1550nm 处所观测到损耗的15 倍，且信号衰减程度正比于光缆内部氢气的压力，只要氢气分压达零点几个大气压，单模光纤便会产生损耗增量。

与氢相关的吸收损耗有两种，一种是光纤外的氢气因压力的关系扩散到光纤内，形成孔隙氢气（趋向于停留在分子状态而不与光纤结合），会导致光纤在1080～1240nm 出现一组吸收峰。这是由于氢分子振动所产生的吸收峰而形成的氢损，是一种物理过程。另一种是扩散到光纤内的氢气，可与光纤材料发生化学反应，形成 OH 基团或疵点，如形成 SiOH、GeOH 及 POH 等。它们分别在1.39μm、1.42μm 及1.6μm 出现吸收峰，这种损耗又称为羟基损耗，实现上是一种化学过程。对于前者，一旦去氢后，损耗是可逆的，而后者却是永久的，并随着时间的推移越来越大。上述两种损耗的增加与氢气的压力、温度、时间及光纤掺杂浓度都有密切的关系。

H_2 产生氢损计算公式为

$$\alpha_{H_2} = C(\lambda) \cdot \exp^{2.24/(RT)} \cdot p \text{(dB/km)} \tag{3-47}$$

式中　R——气体常数，其值为 1.986×10^{-3} kcal/mol°K；

p——光缆中氢分子分压，单位为 atm；

T——绝对温度，单位为 K；

$C_{H_2}(\lambda)$——与波长有关（与掺杂度无关）的系数，$C_{H_2}(1310) = 0.0102$，$C_{H_2}(1550) = 0.0195$。

OH^{-1} 产生氢损 α_{OH} 的计算公式为

$$\alpha_{OH} = C_{OH}(\lambda) \cdot \exp^{-10.79/(R \cdot T)} \cdot p^{0.5} \cdot t^{0.38} \quad (dB/km) \qquad (3-48)$$

式中 t——时间，单位为 h；

p——光缆中氢分子分压，单位为 atm；

$C_{OH}(\lambda)$——与波长有关的系数，且 $C_{OH}(1310) = 2.1 \times 10^4$，$C_{OH}(1550) = 1.7 \times 10^5$。

海底光缆中氢的主要来源是聚合物降解、金属产氢和电化学腐蚀。海缆中的聚合物（如油膏、护套料等）因氧化或水解会产生氢气；海缆中起增强作用的镀锌钢丝或接头盒外金属部件与海水接触，随着电化学腐蚀的发生，会生产氢气；对于镀锌铠装钢丝，钢丝周围的镀锌层作为牺牲材料，也可以产生大量的氢气，此外，海里的细菌也会产生氢气。有资料指出，没有阻氢保护的铠装光缆 10 年后，在 1550nm 波长处的氢损可以达到 0.01 ~ 0.04dB/km。在一些已铠装系统中的海底光缆接头处，在 1550nm 波长处的损失评估为 0.026dB/接头/每年。因而在接头外部产生的氢如果渗透进来，则将沿光缆轴向扩散。当然这取决于接头中的氢压力和光缆纵向氢扩散能力。由于氢分子很小，非常容易在材料中扩散，所以在大多数情况下，阻止氢气的产生是不可能的，但在海底光缆的设计上可以降低或减少氢气进入，并限制其进入光纤本身。

海底光缆减少氢气损害的方法主要是在光纤或光缆上设置径向的防氢屏障和纵向防氢扩散物质。纯二氧化硅芯光纤没有掺杂剂，其对氢具有非常低的灵敏度，也就是说纯硅芯光纤具有较好的阻氢性能，G654 光纤即为该类光纤。但对密集波分复用（DWDM）系统来说则需要带有纤芯掺杂的光纤，此时需要做相关试验来验证光纤对氢的敏感度是否在一个可以接受的范围内。试验的要素包括工作温度、氢分压、吸收量、吸收的不可逆性、吸收时间、吸收的稳定性等。

海底光缆径向阻氢最有效的方法是采用金属管，它可以有效地抑制氢扩散到光纤的周围。氢渗入光纤和填充化合物远比氢渗入铜管、不锈钢管容易得多。氢扩散路径包括管壁、填充化合物以及光纤涂层和包层，假定在纤芯中氢分子的浓度总是与金属管内的分压相平衡。对于一个长的圆柱体，其扩散公式为

$$\frac{\partial C}{\partial t} = \frac{1}{r} \frac{\partial}{\partial r}\left(rD \frac{\partial C}{\partial t}\right) \qquad (3-49)$$

式中 C——扩散物质的浓度；

t——扩散时间；

r——管径；

D——扩散常数。

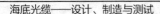

对于一根扩散系统恒定的金属管，式（3-49）对管内、外半径之间 r 值的稳态通解为

$$C = A + B\ln(r)$$

假定初始管中氢的内部分压 $P_i = 0$，如管外氢激发了氢的扩散，并且在管内产生一个氢压，则当其达到平衡时可均衡外部压力。产生这一氢压的时间可以表示为

$$\frac{\mathrm{d}n}{\mathrm{d}t} = \frac{\mathrm{d}}{\mathrm{d}t}\left(\frac{P_i V}{RT}\right) = \frac{2\pi P}{\ln \dfrac{R_o}{R_i}}(\sqrt{P_o} - \sqrt{P_i}) \tag{3-50}$$

式中 n——氢分子的数量（克分子）；

P_i——内部分压；

P_o——外部分压；

P——氢对金属管材料的渗透率；

R_i——管内半径；

R_o——管外半径；

V——管内的自由体积；

T——绝对温度；

R——克分子的气体常数。

在式（3-50）中采用了式（3-51）给出的关系式。

$$C = K\sqrt{P}$$
$$P = DK \tag{3-51}$$

式中 K——溶解度；

D——扩散系数。

由于分压，式（3-47）可以转化为

$$\frac{\mathrm{d}P_i}{\mathrm{d}t} = \frac{RT}{V}\frac{2\pi P}{\ln \dfrac{R_o}{R_i}}(\sqrt{P_o} - \sqrt{P_i}) \tag{3-52}$$

经过简化，金属管的渗透率可由式（3-53）计算。

$$P \approx 1 \times 10^7 \mathrm{e}^{-\frac{57800}{RT}}\left[\mathrm{mole}\,(\mathrm{ms}\,\sqrt{\mathrm{Pa}})^{-1}\right] \tag{3-53}$$

表 3-7 为计算出的几种材料的氢渗透率。

从表 3-7 可以看出，铜的氢渗透率极低，约比塑料低 7 个数量级，是很好的阻氢层，加之铜有优异的导电性，因而对所有中继系统的光缆，通常都使用密封的铜作为阻氢屏障。从表 3-7 中还可以看出，不锈钢的氢渗透率也较低，也可作为阻氢屏障。

表 3-7 材料的氢渗透率

材料	氢渗透性（在10℃下）/（$cm^3 cm^{-1} atm^{-1/2} s^{-1}$）
塑料	0.75×10^{-8}
不锈钢	1.8×10^{-13}
铜	1.0×10^{-15}

对于松套管中的纤膏，在光缆断裂情况下可以抑制水和氢的轴向渗透。为了更有效地消除光纤周围可能存在的氢气，松套管用纤膏应采用吸氢纤膏，吸氢纤膏保留了普通纤膏的性能，同时含有特有的吸氢剂，可有效吸收产生的氢分子，从而避免氢与光纤结合。另外，还可采用抗氢性能优异的光纤（如国外在没有铜管保护的无中继海缆中选用碳涂层光纤）等多重方式来解决光缆寿命期内的氢损问题。

3. 海缆寿命预计

正常情况下，海缆的寿命取决于两个方面，一是海缆中光纤的寿命，二是海缆所使用材料的寿命。海缆中光纤寿命计算公式见式（2-31），光纤寿命除了与光纤自身的静态参数、断裂概率等有关外，在使用中主要与光纤所受的应变有关，也就是海缆使用中所受机械拉力不应超出生产厂家的设计值。

海缆材料寿命主要是海缆所使用的各种材料本身寿命和它们之间相互作用对寿命的影响，海缆原材料的选择应能保证光纤及海缆在寿命期限内经受规定损耗及机械老化，能承受如拉伸、弯曲、氢、压力、腐蚀及辐射等作用，海缆用材料要求参见第7章主要原材料特性。只有通过光纤的寿命预计算，并选用经过验证的符合相关标准的材料才能保证海缆25年寿命的要求。

国外有公司对于海缆进行老化试验以进行海缆的寿命预计，其试验方法是将海缆置于80℃高温下进行30天加速老化，期间测量1100～1600nm波长范围内光损耗的变化，以判断能否满足25年的寿命要求。

3.5 设计流程

海底光缆的设计目的在于保护光纤，使之免遭使用期间额外的应力和机械损伤等，海缆可能的危险主要有三个方面，一是生产、储存和运输时；二是施工船作业时；三是运行期间。适当避免这三个方面的潜在危险就能确保光纤具有较低的光纤损耗、较小的光纤应力以及较高的光缆可靠性。

海底光缆设计时要从基本的设计目标出发，以满足系统要求。通常设计时首先进行结构设计，也就是需要确定海缆的结构形态。海缆设计中，通常考虑将光纤放在光缆中心，从而确保使用时可对光纤起到最大的保护作用，使光纤应变最小（当然大芯数系统在纤芯数过多时，也可采用多根松套管绞合的方式）。中继海缆需要采用含有供电导体的结构，导体多选用铜材料管状形式（也可采用线状结构）。无中继海缆则根据系统要求确定是否含有故障测量的导线，可以选用带材或线材的形式。应根据系统使用海域及水深等情况确定海缆铠装形式，长距离中继系统中基本上会包括一系列海底光缆，从深海光缆到浅海光缆，包括轻型铠装、单铠、双铠，甚至会有岩石铠缆。近距离的无中继系统用海缆的类型则会少一些，有时只需要某一种类型即可。其次，在设计时要根据项目技术指标进行参数设计，并对结构件进行设计计算，主要包括各构件尺寸确定及铠装钢丝的强度和面积选取等。再次，对初步计算结果进行校核，如有某项或某些指标不满足，则需重新进行设计与设定，最终保证设计指标满足项目要求。

实际上海底光缆的设计就是设计缆的结构尺寸，规定所用材料和光缆中光纤的合理余长，从而保证光缆的传输性能、力学性能、电气性能、温度性能和物理性能等。此外，在保证满足海缆所要求的特性下，特别是无中继海底光缆，应尽量使光缆外径小、重量轻，以满足光缆在制造、施工、接续、运输、维护时的总体经济性（这是由于海底光缆的施工成本约占整个系统成本的一半，海缆外径重量较大，需要的运输船只也较大，故将带来成本费用的增加）。

海底光缆结构设计过程的流程如图3-16所示。

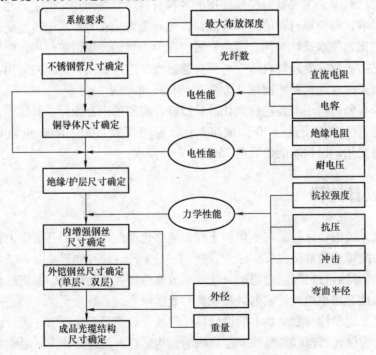

图3-16　海底光缆结构设计流程图

3.6　设计实例

以挪威 NEXANS 公司经典的无中继海底光缆 URC-1 双铠海缆为例。

为了满足"短距离"国际链路和沿海地区城市及城市系统（花边网）的使用要求，挪威 NEXANS 公司开发了一种无中继系统用轻型海底光缆。该海缆专为沿海网络开发，用于无中继系统，需要满足大芯数、中等布放深度、重量轻、易于生产和安装等要求。

设计要求：

1）重量轻、外径小；

2）在 3000m 以内的深水、浅水及陆上均能使用；

3）光纤芯数为 48 芯；

4）要求有故障定位的导体；

5）双铠缆断裂拉伸负荷为 400kN。

设计：

（1）结构设计

1）采用中心不锈钢管结构，确保光单元位于海缆中心，对光纤起到充分和安全的保护；

2）满足海缆内故障定位的要求，海缆内置有铜导体；

3）因用于无中继系统，且为了实现海缆结构简单、易生产、安装的目的，故采用无内增强钢丝的结构；

4）为满足海缆使用环境及高断裂拉伸负荷指标要求（用于需要对光缆进行高度保护的地区，如系统的岸端区域、线路中的浅水及带磨蚀性海床地区），外铠应采用双层钢丝结构。

（2）结构尺寸确定

1）不锈钢松套管结构尺寸。48 芯光纤等效外径约为 2.01 mm，考虑光纤余长（0.3%）、填充密度（28%）等因素，选取钢管尺寸内径 $\phi 3.3$mm，钢带壁厚 0.2mm，则钢管内外径可为 $\phi 3.3$mm/$\phi 3.7$mm（填充密度 $\eta = na^2/d^2$，n 为光纤数，a 为光纤直径，d 为管内径）。

2）故障定位导体采用纵包铜带（在不锈钢管外）有利于减小外径，因不需要过小的导体电阻，故其厚度不超过 0.4mm 即可（太薄工艺实现困难）。

3）综合考虑电气绝缘及外铠钢丝绞合要求，绝缘厚度为 3mm 左右。

4）采用中高强度钢丝，强度不低于 1350MPa，其截面积约为 310mm^2。双层钢丝的规格及数量的确定主要基于绞合工艺、绞合设备、标准钢丝规格尺寸等综合因素，保证钢丝截面积满足设计要求（可多次计算代入），现确定为

$\phi 3.2 \times 12$、$\phi 5.0 \times 12$，钢丝总面积为 331mm^2。

5）外被层选用双层绕包 PP 绳、浇灌沥青，单边厚度在 2.5～4mm 之间。

（3）理论校核　将各参数代入参考式（3-11）、式（3-14）、式（3-15）、式（3-24）、式（3-27）等，进行强度、耐水压、绝缘电阻、直流电阻等校核，均满足技术指标要求。

以上仅为初步理论设计，海底光缆结构的最后确定还与生产工艺及生产设备密切相关，某些参数的最终设计有时需要经过多次计算甚至试验来确定。

自 1980 年世界上第一条实验性海底光缆布设以来，海底光缆通信系统相关技术有了极大的变化与提升，如从多模光纤到单模光纤再到低损耗、超低损耗单模光纤；从模拟传输到数字传输、从单信道传输技术到波分复用技术等，传递速率与传输带宽等都有了巨大的提升。当然，海底光缆也出现了多种形式的结构，虽然形式各异，但其目的均是为其中的光纤提供更好、更可靠的保护，确保光纤在系统寿命期间安全、有效地工作。尽管经过数十年的发展，国际海底光缆通信系统的性能有了巨大的提升，但海底光缆结构要素及形式却相对稳定，没有太大的变化。因而海底光缆的技术越来越体现在大容量（包括增加光纤数量）、大长度、长寿命、高可靠、可维修、低成本等方面，这些对海底光缆结构设计的先进性与合理性、工艺先进性与可行性及主要原材料的选用等方面提出了更高要求，这也将是海缆设计者、制造者努力的方向。

3.7　国外海底光缆典型设计结构

海底光缆结构设计出发点都是给予光纤最安全和最可靠的保护，世界各国的海缆制造厂在综合海缆的使用环境及自身技术、制造等多种因素基础上设计出了多种海底光缆结构。下面介绍部分国外的海底光缆结构。

1. 不锈钢管结构

不锈钢管结构最早由法国 ALCATEL 公司于 20 世纪 90 年代初开发应用，光纤被置于充满海缆专用纤膏的激光焊接不锈钢管内，以获得最安全和有效的保护。在不锈钢管内分布有均匀的光纤余长。缆芯结构有两类，一种带有内增强层，一种无内增强层。

图 3-17 所示为无内增强层结构，也是 ALCATEL 公司 URC 系列无中继海底光缆结构，钢管外直接（或在钢管外纵包铜带后）挤制聚乙烯护套，根据使用环境要求，其外层进行轻铠、单铠、双铠及岩石铠等，敷设水深为 0～3000m。

图 3-18 所示为内增强结构缆芯，即在不锈钢管外绞制双层高强度的三种不

同直径细钢丝，其外焊接一层铜管，再挤出一层绝缘及一层聚乙烯护套，形成深海光缆。该种结构对光单元、三种钢丝尺寸要求非常严格，内、外层钢丝自身相互固定，使得光单元外的相邻钢丝"紧靠"在一起，形成一种能够抵抗极大静水压力的结构。一组典型的尺寸为：中心钢管 $\phi 2.97\,mm$，钢丝分别为 $\phi 1.88\,mm$、$\phi 1.78\,mm$、$\phi 1.36\,mm$。缆芯外可进行单层、双层钢丝绞合铠装，浇灌防腐沥青缠绕聚丙烯绳保护。敷设水深为 $0 \sim 8000\,m$。

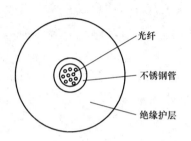

图 3-17　ALCATEL 公司无中
继海底光缆光单元

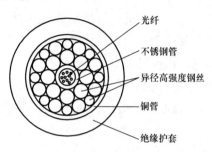

图 3-18　ALCATEL 公司中
继海底光缆光单元

2. 中心铜管结构

德国 SIEMENS 公司与美国 NSW 公司采用将光纤装入密封的中心铜管（$\phi 5\,mm$）中，铜管外绞制一层高强度铠丝，挤制护套构成轻型海缆。在轻型海缆外还可加一层钢带，再挤制一层护套，就形成了轻型保护性海缆，如图 3-19 所示。

SIEMENS 公司早期时采用的是中心塑料管外包铜管结构，光纤的占空比较低。后来采用单层铜管结构，为光纤提供了更多的空间，可容纳的光纤更多。

日本 OCC 公司 SC400 系列光缆也采用中心铜管结构，用于需要供电的中继海底光缆系统。光纤芯数可达 48 芯，最大敷设深度达 3000m，如图 3-20 所示。

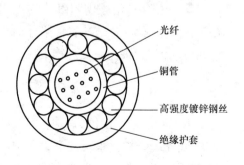

图 3-19　SIEMENS 公司 LA 型海缆

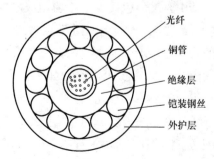

图 3-20　OCC - SC400 SA 型海缆

3. 中心塑料管结构

在海底光缆设计制造中，光单元材料也有采用热塑性 PBT 材料的，采用 PBT 材料的主要优点有 PBT 材料比采用金属材料价格更便宜，其生产加工设备也经济。由于 PBT 加工采用的是连续的挤出工艺，因此可以消除金属管因纵向焊接产生的焊缝引起的可靠性问题。PBT 具有优良的尺寸稳定性及受冲击时对其中光纤较好的保护性能，且 PBT 在海底条件下不会被腐蚀从而可避免产生氢的可能。此外，PBT 材料的良好热收缩性有利于在工艺过程中形成并控制光纤余长。光单元外绞合细径高强度钢丝，其外焊接一层铜管，再挤制一层聚乙烯绝缘层，形成了深海轻型海缆。

1998 年 11 月，美国 Tycom 公司海底光缆光单元开始采用中心 PBT 塑料松套管结构，海缆布放深度达 5000m，其结构如图 3-21 所示。

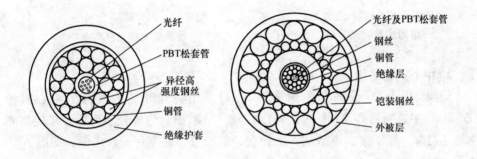

图 3-21 Tycom 公司海缆

4. 骨架式结构

瑞典 Ercsson Cable AB 公司的骨架结构海底光缆如图 3-22 所示。

其中光缆芯包括由聚乙烯制成的骨架芯，其中心含有增强塑料纤维的加强芯。每个骨架中可容纳两个 4 芯光纤带，光缆中共容纳 48 芯光纤。骨架外面挤塑的是聚乙烯护套。密封护套是在缆芯外纵包一层铜带，采用氩弧焊接形成密封的紧套管，在缆芯和铜套管之间挤入阻水混合物。铠装采用一层或两层钢丝为光缆提供拉伸等力学性能。

骨架芯带状海底光缆结构紧凑，具有优异的耐压性能，光纤易识别，且接续时间短。图 3-23 所示为日本 NTT 公司 100 芯海底光缆结构。系统类型为无中继系统，采用碳涂复光纤共 100 芯，25 条 4 芯光纤带放置于五个骨架槽中，适用水深可达 3000m。

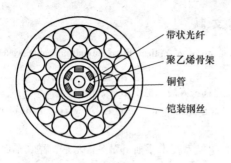

图 3-22　Ercsson Cable AB 公司海缆

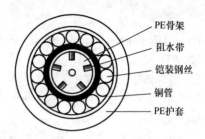

图 3-23　NTT 公司 100 芯海底光缆

5. 中心弹性体结构

日本 OCC 公司用于中继海底光缆系统的 OCC－22S 系列采用弹性体结构，光纤芯包括 8 芯、12 芯、16 芯，光纤呈相同间距围绕镀铜的中心金属丝外，并嵌入在 UV 弹性体中形成光单元，其外是三等分钢组成的抗压钢管，管外绞合 14 根高强度钢丝，阻水油膏填充在其中，铜带焊接在钢丝外，并将钢丝紧紧箍住，形成非常紧凑的结构。绝缘选用低密度绝缘聚乙烯，将导体与海水隔绝；护层则为高密度聚乙烯，提高海缆的耐磨性，形成了 LW 型海缆，如图 3-24 所示。

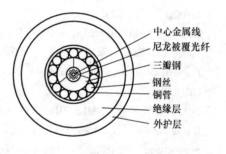

图 3-24　日本 OCC－22S LW 型海缆

美国 AT&T 公司的 SL－100 也是采用中心弹性紧结构，12 芯光纤，金属抗压管采用铜管，管内填充防水材料，护套采用高密度聚乙烯，图 3-25 所示为其光单元及单铠海缆结构示意图。

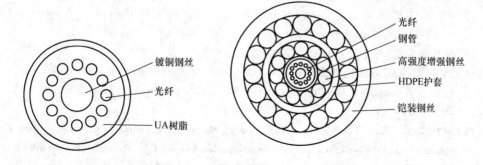

图 3-25　美国 AT&T 公司 SL－100 单铠海缆

参 考 文 献

［1］ ITU - T Recommendation G. 971. General features of optical fiber submarine cable systems （2010）.

［2］ 赵梓森. 光纤通信工程（修订版）［M］. 北京：人民邮电出版社，1994.

［3］ JOSE CHESNOY. Undersea Fiber Communication Systems［M］. 2nd ed. New York：Academic Press，2015.

［4］ 曾达人，全志辉，李浩，等. 海底通信电缆工程技术手册［M］. 北京：解放军出版社，2001.

［5］ CHU, T C, DAVID G, TIIU AV K, etc. Special Trunk Cable for Deploying Branching Repeaters in Deep Ocean［C］. Proceedings of the 50th International Wire& Cable Symposium. NEW JERSEY, USA, 2001：753 - 756.

［6］ MA, C S, BERNSTEIN S, ZHONG Q, etc. A Novel Undersea Cable Design with Plastic Loose Tube, Low Excess Fiber Length, and Fixed Fiber Termination for Bend Sensitive Fibers［C］. Proceedings of the 49th International Wire& Cable Symposium. NEW JERSEY, USA, 2000：601 - 606.

［7］ FULLENBAUM M, GAILLARD P, WATERWORTH G, etc. A Yardstick for the Future Generation of Submarine Unrepeated System［C］. Proceedings of the 50th International Wire& Cable Symposium. NEW JERSEY, USA, 2001：775 - 781.

［8］ INGE V, VEGARD B L, TOM E T, etc. High Count Fibre Sumarine Cable Family for Unrepeated Transmission Systems［C］. Proceedings of the 50th International Wire& Cable Symposium. NEW JERSEY, USA, 2001：764 - 769.

［9］ THOMAS W. 海底电力电缆［M］. 应启良，徐晓峰，孙建生，译. 北京：机械工业出版社，2011.

［10］ BASCOM E C et al. Construction Features and Environmental Factors Influencing Corrosion of a Self - Contained Fluid - Filled Submarine Cable Circuit in Long Island Sound［J］. IEEE Transactions On Power Delivery, 1998, 13 （3）：677 - 682.

［11］ 王春江，等. 电线电缆手册第 1 册［M］. 2 版. 北京：机械工业出版社，2002.

［12］ JON S A, INGE V. Laser Welded Metallic Tubes In Fiber Optical Cables［C］. Proceedings of the 48th International Wire & Cable Symposium. NEW JERSEY, USA, 2001

［13］ 邹林森. 光纤与光缆［M］. 武汉：武汉工业大学出版社，2000.

［14］ INGE V, RAGNAR V, TONS A. 192 - Fiber Count Submarine Cable For Repeaterless Systems［C］. Proceedings of the 48th International Wire& Cable Symposium. NEW JERSEY, USA, 1999：305 - 311.

［15］ SCHICK G, TELLEFSEN K A, JOHNSON A J, etc. Hydrogen sources for signal attenuation in submarine optical fiber cables and the effects on cable design［C］. Proceedings of the 40th International Wire& Cable Symposium. NEW JERSEY, USA, 1991.

［16］ BERTHELSEN G, VINTERMYR I. New low weight small diameter optical fiber submarine cable for unrepeatered system ［C］. Proceedings of the 43th International Wire& Cable Symposium. NEW JERSEY , USA, 1994: 249 – 255

[17] NOBUAKI M, MARETO S R K, HIRLKO I, etc. New High Reliability OCC – SC 300 Cable and Cable Joints for Long – Haul Submarine Cable Systems ［C］. Proceedings of the 53th International Wire& Cable Symposium. Philadelphia, USA, 2004: 583 – 587.

[18] CHU T C, DAVID G, TIIU AV K, etc. Special Trunk Cable for Deploying Branching Repeaters in Deep Ocean ［C］. Proceedings of the 50th International Wire& Cable Symposium. NEW JERSEY, USA, 2001: 753 – 756.

[19] KAJ S, LENNART L, etc. The Deveolpment of a New Submarine Cable Design for Repeatless Application ［C］. Proceedings of the 43th International Wire & Cable Symposium. NEW JERSEY, USA, 1994: 388 – 393.

[20] CHU T C, RUE R J. Evaluation of Mechanical Properties of Various Fiberoptic Submarine Cables in Both Elastic and Plastic Regions ［C］. Proceedings of the 47th International Wire & Cable Symposium. NEW JERSEY, USA, 1998: 344 – 403.

第 4 章

海底光缆制造工艺

光纤本质上是一种脆性材料，而且当其受弯曲和侧压力的作用时，传输特性容易劣化，所以光缆在早期研制生产时，成缆过程中的光损耗常常会增加，还会出现断纤的情况。随着海缆结构设计和制造工艺技术的提高，在成缆和敷设过程中，光纤特性几乎没有变化。图 4-1 所示为中心光纤不锈钢管结构中继海底光缆生产流程图。本章主要介绍海底光缆常见的一些工序的制造工艺技术。

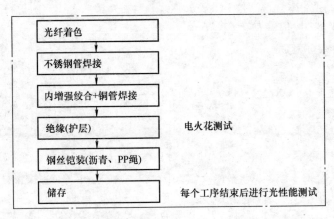

图 4-1　不锈钢管结构中继海底光缆生产流程图

4.1　光纤着色

4.1.1　色谱

为了便于光纤在生产、检测、安装和以后的维修中有效识别，需要光纤具有不同颜色的标志，光纤着色就是利用着色机将油墨均匀地涂覆在光纤表面的工艺过程。

早期光纤着色固化采用的是热固化工艺，采用电缆着色设备将溶液性油墨涂到光纤上，然后使光纤通过烘干箱将色墨烘干固化。然而这种工艺方式存在污染严重、抗磨性差、与光缆油膏相容性差的问题，因而现在多采用紫外（UV）光固化技术，利用紫外光的照射，使得涂料在物体表面固化，形成带色涂膜。涂覆用油墨是一种光纤专用油墨，由高黏度低聚物、低黏度单体、光引发剂、颜料和添加剂等组成。一般要求与光纤一次涂覆层具有良好的黏结性，且颜色鲜艳、不迁移、涂料流平性能好，具有良好的耐磨性和高低温性能。其色谱一般按照通信光缆的标准色谱设定，基本色谱和顺序见表4-1。当光纤芯数大于12时，可以将等距或不等距的单色环或双色环印在光纤上，作为光纤序号的标志。

表4-1　光纤全色谱

序号	1	2	3	4	5	6	7	8	9	10	11	12
颜色	蓝	橙	绿	棕	灰	白	红	黑	黄	紫	粉红	青绿

每种颜色的光谱有所不同，因而在相同工艺条件下其固化度也有所不同。国外有将着色工序置于拉丝工序中的做法，即将颜料涂覆在第一层与第二层包层之间，这样就可以省掉一道工序，并且不存在固化不好而引起的褪色问题，其产品称为"锁色光纤"，但其缺点是使用时不能灵活地配纤。因而光纤着色一般是光缆厂制造的第一道工序。

4.1.2　着色设备

给光纤着色的设备是着色机，有着色和复绕两种功能。着色机主要由光纤放线架、收放线张力控制组件、涂覆系统、UV固化炉、牵引装置、收排线装置和机架等组成，如图4-2所示。首先，光纤由光纤放线架放出，经过放线张力控制组件后，引入涂覆系统，该系统在光纤外表面涂上一层均匀的涂覆层。然后，光纤上的油墨迅速被UV光固化炉中的高强度UV光固化，在UV光固化炉内充入惰性气体可使固化工艺更好。最后，已着色且固化好的光纤通过牵引装置被传送至移动式收排线装置。为了解决高速生产中静电问题还在光纤收放线端装有静电除尘系统。

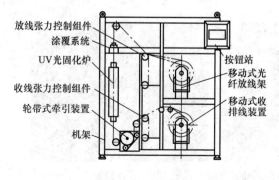

图4-2　光纤着色机

（1）光纤放线架　这是一个悬臂轴式的放线装置，由交流伺服电动机直连驱动，使光纤盘轴旋转，从而实现光纤的主动放线。采用移动式光纤放线架可以实现光纤的主动放线自动对中，减小光纤的抖动。

（2）收放线张力控制组件　收放线张力控制组件采用舞蹈器结构，该结构中装有传感器测量舞蹈器的位置或张力，其作用是控制光纤的收放线速度，并能自动跟踪，光纤上的张力大小可通过调节机构来进行调节。

（3）涂覆装置　涂覆装置分为压力涂覆式和开放涂覆式两种。一般由涂覆模、恒温装置、储料罐、气路、压力调节装置等组成。对于高速着色机必须采用压力涂覆，涂覆腔设有光纤导入模和导出模，着色油墨通过一定的气压将着色油墨导入压力腔内，并维持恒定的涂覆压力，可避免气泡导入，保证涂覆厚度连续均匀、无气泡。

（4）UV 固化炉　UV 固化炉是着色机的心脏，由紫外光发射灯管、反射罩、石英玻璃管、氮气保护系统、紫外光检测系统及风机冷却系统组成。UV 光的发射和光纤涂层的固化利用的是椭圆的聚光原理，UV 灯管装在椭圆一个焦点轴线上，待涂光纤则通过椭圆的另一个焦点轴线。发射灯管一般采用高压汞灯或微波灯，灯管电源采用可调功率电源，可通过紫外光检测系统给出的控制信号使灯管的功率随生产线速度而自动调节，灯管的输出功率随着生产速度的变化呈线性变化，生产线速度也能随 UV 光灯管光强的减小而自动降速，确保良好的固化度。

（5）牵引装置　由伺服电动机与牵引轮轴连接，依靠光纤和牵引轮之间的摩擦力实现牵引。牵引装置用于控制光纤着色速度以及测量光纤长度。

（6）收排线装置　与移动式光纤放线架相同，也是由旋转放线机构和往复移动机构两大部分组成，采用光电开关（对射光耦）进行移动机构的换向，实现收排线组件的往复运动，控制系统通过传感器检测光纤盘具状态并自动跟踪进行排线。

为了提高配纤效率、提高生产速度、节省空间和人力资源，现在多采用分体压力式光纤着色机，如图 4-3 所示。

图 4-3　分体式高速光纤着色机（单、双路）

4.1.3 光纤着色原理及工艺

着色其实是一个颜料涂覆加工的过程。着色的过程是将着色油墨经过涂覆、紫外光照射形成固体薄膜，从理论上说是溶液状态的油墨变成了高聚物本体，这是一个复杂的物理和化学过程。液体油墨涂覆在光纤上形成均匀光滑的涂层薄膜，主要涉及液体表面张力、润湿角等特征参数，及油墨溶剂蒸发特性和油墨交联特性等。

液体的表面是"一张有收缩趋势的张紧的薄膜"，这种现象可用液体分子间的相互引力来解释。在液体内部的每个分子的周围都存在着其他分子，这些分子之间产生的引力能达到暂时的平衡，而在液体表面的情况则不同，处于液体表面层的分子一方面受到液相分子的引力，其作用力垂直于液面而指向液体深处；在液体表面的另一相则是气体，其分子与液体分子相比，数量既少，距离也较远，因此液体分子受到液相内部的吸引力较大，而受到气相方面的吸引力较小，所以不能产生与之相平衡的引力，因而液体表面会有一个收缩的趋势，这就是液体具有表面引力的原因。表面张力的表现就是液体力求表面积收缩到最小为止，因为相同体积的几何形状中，球的表面积最小，所以液体不受任何其他力的作用，在表面张力的作用下它将变成球形，表面张力的方向与液面边界垂直。

利用表面张力规律可以解释着色时的一些现象。油墨中包含的气泡（如果存在则将造成着色层表面不光滑或脱节）是由于油墨在搅拌加料过程中夹杂了空气，空气的浮力使其上升到表面。但由于油墨的表面张力，使空气不能冲破油墨表面而留在油墨中，形成气泡。这种现象可以在涂覆杯中可以看到，即其中有大量的气泡在翻滚，如果气泡小于光纤与模具的间隙，则气泡就会被光纤带走。

（1）润湿现象 当液体和固体接触时，通常用润湿程度来表示它们之间的关系。表面清洁的光纤通过涂覆模具后，光纤上就会覆盖上一层油墨。如果光纤表面沾有油污或水分，则不能涂上油墨，这是因为油墨能润湿光纤而不能润湿油类物质。润湿现象也是分子力作用的一种表现，如果液体表面张力大于固体与液体间的附着力，则液体就会缩成球形，在这种情况下油墨就涂不到光纤上。如果固体与液体的附着力大于液体的表面张力，则液体可以在固体表面展开成为一个薄层，这种情况就能使油墨很好地涂覆在光纤上。

（2）着色过程的成膜 光纤经涂覆模具后，进入固化炉，主要经历了油墨的涂覆拉圆和紫外光固化过程，这个过程对光纤的着色质量十分重要。

（3）着色油墨的涂覆过程 着色是利用油墨的表面张力来进行成膜的，而表面张力取决于着色油墨的质量情况。不同颜色、不同的厂家油墨的黏度也不同，因此其表面张力也不同。黏度越小，其表面张力也越小，流动性也越好，越可以提高涂覆速度。

涂覆模具一般都比光纤外径大 $0.1 \sim 0.2\mathrm{mm}$。如光纤的直径为 $0.245\mathrm{mm}$，而涂覆模具的孔径取 $0.260\mathrm{mm}$，则涂覆后的光纤直径只能达到 $0.250 \sim 0.256\mathrm{mm}$。这是由于光纤在涂覆过程中有一个拉伸的过程（对涂覆层而言），在拉伸的过程中使涂层变薄而外径变小。光纤在通过涂覆模具时，其涂层外形不一定是正规的圆形，因此可通过拉伸和表面张力作用使其变圆，并促使厚薄均匀。油墨的黏度越小，所需的拉圆时间就越少。在黏度很大时，有时表面张力不能克服油墨内摩擦力的作用，故将造成涂层的不均匀。利用油墨的表面张力和拉伸使得油墨涂层拉圆，从而保证涂覆厚度的一致性。

（4）油墨的固化　经过涂覆模具的油墨仍然是液体状态，要取得着色层很好的使用特性，必须使其变成固体并能与光纤本身有良好的结合，同时要有一定的寿命。光纤着色油墨是一种含有紫外光交联剂的颜料、树脂混合体，当有涂层的光纤通过固化炉后，一方面油墨受紫外光照射，交联剂与油墨中的高分子材料反应，促使其生成网状固相结构，另一方面，油墨涂层在固化炉内受热，将油墨中的挥发物蒸发。固化的质量与油墨本身的固化能量、黏度和线速度，以及固化灯功率有密切的关系。如果油墨本身需要的固化能量很小，那么当固化灯功率和线速度一定时，其固化质量更好，甚至可以进一步提高生产线速度。但是如果固化过头，则也可能使油墨裂解，影响使用性能。当油墨的黏度很高时，其表面张力很大，也就是说在涂覆模具与固化炉距离一定时，黏度高的油墨涂层厚度要比黏度低的厚一些（同等速度下），所以其固化的时间也相对长一些。当固化灯功率很小，而带有油墨涂层的光纤在固化炉内停留的时间又一定时，会带来固化不完全，造成褪色或涂层脱落。当固化灯的功率很高时，光纤在炉内接受紫外光照射的时间较长，可能使丙烯酸树脂发生裂解，使油墨性能严重恶化。在固化灯功率、油墨固化能量及黏度一定时，线速度高于固化时间，从而会出现固化质量下降，造成涂层褪色或脱落。但当线速度下降时，光纤在固化炉内停留时间较长，从而使油墨受紫外线长期照射而产生高分子裂解，破坏油墨原有性能。

（5）着色过程张力影响　在生产过程中控制光纤的张力很重要，因为这将直接影响光纤的光传输性能。如果着色过程中光纤张力过大，则会造成线盘上光纤之间"压纤"，光纤损耗增加，严重时会使光纤的微裂纹增加，从而可能引起断纤和由于应力的产生而影响使用寿命。如果张力过小则会使光纤抖动和收线不紧。高速运行的光纤产生的静电力和摩擦力也会增大，将加剧光纤的抖动，使舞蹈器上下摆动范围加大，极易断纤。另外，抖动的光纤进入涂覆杯势必造成光纤着色层不均匀而出现光纤微弯，而收线不紧将影响后续工序的操作。因此，在整个着色过程中收放线的张力要控制合适，一般为 $0.29 \sim 0.59\mathrm{N}$。

通常，光纤着色后除了需要测试光学性能外，还需进行着色料的固化度测试。这是由于着色的固化度对光纤性能和成缆性能有一定影响。着色涂料固化不良的光纤表面会发黏，有时着色涂料甚至会从光纤上脱落，在后续松套管中，发黏的光纤表面会导致较大的表面摩擦力而引起套管中光纤余长不稳定，同时会增加光纤的附加衰减。

目前测量 UV 固化丙烯酸酯着色涂料固化度的方法有：采用傅里叶变换红外光谱仪（FTIR）测量已反应的不饱和丙烯酯百分比；测试着色光纤抗溶剂擦拭性能、测定着色涂料模量；采用 Soxhlet 萃取法测定胶凝分数等。其中，能够快速测定的方法主要是前两种，由于 FTIR 方法所需设备昂贵，还需专业人员操作，因而，目前国内光缆厂多采用抗溶剂擦拭性能来检验着色料的固化度。一般来说，着色料耐溶剂擦拭次数越多，则表明其固化度越高。

国内外尚没有专门用于检验着色光纤上 UV 固化着色料固化性能的抗溶剂擦拭的标准方法。通常，抗溶剂擦拭法是先将试验中的擦拭布（或脱脂棉球）用试验剂（酒精、丙酮或丁酮）浸润，然后用手捏紧来回擦拭光纤一定次数（100次以上），观察光纤着色层的颜色是否转移及着色层是否脱落，以检验着色层的固化性能。当出现有褪色时，可以适当降低线速度后再重新检测，直至合格。

着色工序常见缺陷有光纤损耗检测时有台阶或损耗大、着色层褪色或剥落、断纤等。主要通过控制光纤收、放线张力，排线节距、模具选配、着色速度及油墨质量等避免，此外生产环境洁净度对光纤着色的影响也很大。

4.2　金属管焊接

4.2.1　不锈钢管激光焊接

不锈钢管通常是海底光缆保护光纤的第一层屏障，采用激光焊接技术，在焊接时将光纤和触变性阻水油膏同时引入，并获得合理均匀的光纤余长。激光焊接是将高强度的激光辐射至金属表面，通过激光与金属的相互作用，金属吸收激光转化为热能使金属熔化后冷却结晶形成焊接。目前钢管焊接用激光器既有固体激光器（如 YAG 激光器）也有气体激光器（如 CO_2 激光器）。

1. 设备组成

光纤不锈钢管激光焊接生产线主要由光纤放线架、不锈钢带放带装置、光纤油膏填充装置、不锈钢带切带及成型装置、激光焊接装置、拉拔装置、牵引轮、收线装置等组成，如图 4-4 所示。为了满足大长度连续生产的要求，钢带放带装置多采用叠式放线架，可预先将若干盘不锈钢带采用首尾相连的方式焊接成一体，实现不停机连续生产，减少在线焊接次数，提高生产效率。采用主动式放带的结构设计便于稳定钢带张力，如图 4-5 所示。为了跟踪检测钢管焊接质量，在生产线后端配有涡流探伤仪，检测可能的焊接缺陷以及故障，并加以识别和显示。

图 4-4　光纤不锈钢激光焊接设备

图 4-5　叠带式放带架

激光功率的大小将会影响不同厚度钢带的焊接速率，激光功率的相关参数见表 4-2。

表 4-2　激光功率与钢带厚度、焊接速度的关系

序号	激光功率/kW	壁厚/mm	焊接速度/(m/min)	生产速率/(m/min)
1	1	0.15	12 ~ 15	17 ~ 22
		0.20	10 ~ 14	14 ~ 20
		0.25	9 ~ 11	12 ~ 16
		0.3	8 ~ 9	10 ~ 13
2	2	0.15 ~ 0.3	12 ~ 15	17 ~ 22

国内常见光纤不锈钢管激光焊接生产线的主要技术要求见表 4-3。

表 4-3　不锈钢管生产线主要技术指标

序号	项目	指标
1	光纤芯数/芯	1 ~ 48
2	光纤放线张力/N	0.29 ~ 1.37N
3	不锈钢管成型外径/mm	2.0 ~ 6.0
4	不锈钢管壁厚/mm	0.15 ~ 0.3
5	生产线速度(最大)/(m/min)	25
6	余长范围（%）	0.1 ~ 0.7
7	最大可连续生产长度/km	≥100

2. 焊接工艺

光纤自放纤架放出后通过导纤模具与阻水纤膏一起进入成型后的钢管内；钢带自放带架放出后经弯曲并进入成型模具成型后再进入激光焊接程序，焊接完的钢管与其所包含的光纤一起通过整形拉拔产生光纤余长，经清洗和吹干处理后上盘收线。

钢管焊接过程中首先必须保证焊接质量，要求无漏焊、虚焊，焊接处100%焊透，且焊接处内表面十分光滑；其次是光纤余长，光纤余长的合理设计和精确控制可以保证和提高光缆拉伸及温度特性；第三是光纤油膏填充度，光纤油膏对光纤起缓冲保护，同时起纵向阻水作用。

（1）光纤余长　光纤余长形成的机理是利用其经过拉拔之后力学性能的变化，主要是弹性模量的变化来实现的。当光纤和油膏被引入松套管中后，松套管通过张力轮拉拔而被拉伸，此时由于光纤刚引入松套管，光纤与油膏及油膏与松套管之间存在摩擦力，故光纤被拉伸的程度远不及松套管，拉伸后的松套管经过轮式牵引的隔离，释放张力，松套管回弹，从而形成光纤余长。余长牵引轮如图4-6所示。此外，光纤不锈钢管经过滚轮反复弯曲收缩后可以产生额外的光纤余长，用于需要有较大光纤余长的生产时使用。

图4-6　余长牵引轮

影响光纤余长的主要因素如下：

1）光纤放线张力。光纤放线张力可以直接影响光纤单元的余长，而且光纤张力不一致会导致光纤单元内光纤余长的不一致性，即"纤差"。因而在生产时光纤放线张力应尽可能控制在光纤应变产生力以内，这样可以避免因放线张力而引起的光纤受伤，同时保证光纤放线张力均匀一致。

2）纤膏温度。纤膏的黏度会随着温度的升高而降低，在实际生产中光纤会和钢管内的纤膏产生相对滑动。当纤膏的黏度大、流动性差时，光纤将要克服较大的摩擦阻力，从而增大光纤的受力，导致光纤的应变增大，产生较大的负余长，使最终的光纤余长变小。

3）钢管拉拔系数及钢管在两牵引间张力。这两个参数是光纤单元形成余长的关键参数。钢管拉拔系数直接影响光纤余长，拉拔系数较小时产生余长比较困难，且易产生管内断纤现象。因为在不同的拉拔系数所拉出的钢管的抗拉强度与成型后钢管的弹性模量存在很大差距，变形量较小和变形量较大对余长的产生都很困难，必须选择比较适中的拉拔变形量。

两牵引为平式履带牵引和单盘大盘牵引。履带牵引为主牵引，用来牵引钢管，其速度是恒定的；单盘大盘牵引的目的是调节钢管张力，通过张力传感器调节钢管速度，使钢管始终保持恒定张力，以确保光纤单元在弹性范围内所受到的变形是一致，继而产生的余长是均匀的。

（2）纤膏填充度　不锈钢管中填充触变性油膏，一方面可为管中光纤提供缓冲保护，另一方面还可以起到密封及纵向阻水的作用。一般来说，影响钢管阻水性的主要因素是油膏的黏度及填充度，油膏的填充度通常应在90%以上。

1）纤膏的选择。采用冷填充式纤膏，这样可以避免纤膏在生产和使用时因温度升高和降低出现热胀冷缩，进而导致纤膏收缩产生空气空隙，表现为油膏填充不足，就可能导致水分和潮气的进入，影响光纤传输性能。

2）充油系统的设计。使用与焊接生产线同步的油膏计量填充系统，该系统包括桶泵、填充头和计量泵，以提供稳定剂量的冷填充油膏，保证填充连续、均匀，无论生产速度如何变化，都要确保工艺参数的同步性，不能出现波动。

在生产过程中，切边、卷带、焊接等工序中模具摩擦产生的高温会传递给钢管，高温将对钢管内的纤膏产生一定影响。为消除和降低高温对纤膏的影响，在成型模具上和钢管出口端设有环绕型冷却系统，以确保模具和钢管尽可能地处于低温状态，避免制造高温（主要指焊接时所产生的温度）对纤膏填充率的影响。

钢管焊接后需要拉拔以达到所要求的钢管尺寸。拉拔工序的作用是减小钢管直径，但不减小钢管厚度，应根据钢带材料的特性控制好拉拔量。此外，通过拉拔实际上也进行了焊接质量的检验，因为如果钢管有漏焊、虚焊，则经过拉拔后，缺陷会被放大，位于生产线后部的涡流探伤仪会立即自动将缺陷记录下来。

通常，钢管焊接生产后除了测试光纤的光学性能外，还应进行光纤余长与光纤填充度（或阻水性能）的测量。

（3）钢管光纤余长测试　通常截取
10m 长的钢管，将其中的光纤抽取出，测

图 4-7　余长测试仪

量光纤与钢管长度的差值，并按式（4-1）计算，余长测试仪如图 4-7 所示。

$$\varepsilon = \frac{L_f - L_s}{L_s} \times 100\% \qquad (4\text{-}1)$$

式中　ε——光纤余长（%）；

L_f——钢管内光纤长度，单位为 m；

L_s——钢管长度，单位为 m。

（4）油膏填充度测试　首先测出单位长度的油膏质量，再按式（4-2）计算。

$$\xi = \frac{m_1}{m_2} \times 100\% \qquad\qquad (4\text{-}2)$$

式中 ξ——油膏填充度（%）；

m_1——钢管中油膏实际质量，单位为 g；

m_2——钢管理论油膏质量，单位为 g。

在工厂实际检测中，也可采用渗水试验进行确定，渗水试验方法可参照 GJB 4489—2002 进行。

4.2.2 铜管氩弧焊接

铜管在海底光缆中主要起到为海底中继器馈电的作用，当然它还有隔氢及径向阻水的作用。铜管焊接主要有氩弧焊和激光焊两种形式，因 Cu 对激光不敏感，故早期仅采用氩弧焊方法，随着激光技术的提升，特别是高功率激光器的实用化水平提升，近几年才有采用铜管激光焊接的方法。然而，由于目前激光焊接设备价格昂贵，使用成本高，特别是焊接质量与氩弧焊相比没有明显优势，因此国内外目前的铜管焊接还是主要以氩弧焊接为主。

氩弧焊是使用氩气作为保护气体的一种焊接技术。氩气是化学性质极不活泼的气体，高温下不与金属发生化学反应，也不溶于液态的金属，既不会产生氧化烧损问题，也不会引起气孔。氩是一种单原子气体，在高温下没有分子分解或原子吸热的现象。氩气的比热容小、热传导能力弱，即本身吸收量小，向外传热也少，电弧中的热量不易散失，使得焊接电弧燃烧稳定、热量集中，有利于焊接的进行，是一种非常理想的保护气体。

氩弧焊设备的工作原理就是利用惰性气体保护，使金属在焊接和冷却过程中不至于氧化，确保焊缝质量，利用氩、氦易电离的特性，用来传导热能使焊缝熔合，特别是采用热渗透性很强的氦离子弧焊。设备采用焊接电源正极接地，即采用不熔化钨极氩弧焊，使钨极长时间工作不易变形。设备整个工艺过程的自动连续性是实现连续焊接的根本保证。将洁净的符合要求的铜带经导轮定位机构进入精切刀架，使经精切的铜带成型后就能很好地在惰性气体保护下进行可靠的焊接。

1. 设备组成

典型的中继海底光缆缆芯是在不锈钢管外绞合一至两层高强度钢丝，然后焊接的铜管，如图 4-8 所示。

图 4-8 典型中继海底光缆缆芯

实际生产中，中继海底光缆在进行铜管焊接时，内层钢丝绞合与铜管焊接是在一条串接生产线上同步完成的。通常内层增强钢丝绞合是在笼绞式铠装机（其工艺特点详见 4.4 节）上或管绞机上完成的，钢丝选用三种异径高强度钢丝同向绞合，可形成耐压的拱形结构，对中心钢管中的光纤提高保护。此外，该种钢丝结构可有很高的占空比。焊接后的铜管经拉拔后可嵌入到钢丝的缝隙中，形成紧密的复合导体。绞合过程中及铜管焊接时均要注入阻水的复合物，确保海缆的纵向渗水性能。一般铜管焊接生产线的组成包括钢丝绞笼及铜管焊接两大部分。铜管焊接生产线组成如图4-9所示。

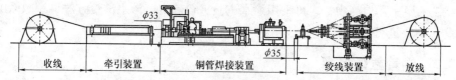

| 收线 | 牵引装置 | 铜管焊接装置 | 绞线装置 | 放线 |

图4-9　铜管焊接生产线示意图

位于中心的钢管与高强钢丝绞合后被引入到铜带之上，铜带经过滚轮成型弯成管状，并将钢丝包裹，铜管经焊接合缝后再经过拉拔与缆芯完全贴合并嵌入到钢丝缝隙内，经过牵引装置被收至收线盘上（或大长度时收至线笼中）。

生产线主要由放线设备、钢丝绞合装置、铜带放带装置、铜管焊接设备、牵引设备及收线装置等组成。生产过程中需要绞、焊，起、停同步配合，具有随时开机、停机功能以及停机后再连续焊接的功能。

其中，氩弧焊设备的主要构成包括放带架、收废边机、成型焊接机、拉拔、润滑装置、钳式牵引机、高压清洗和干燥装置、氩弧焊接带机等。

主要技术要求包括：

1）金属焊管外径范围：$\phi 5 \sim \phi 20mm$；

2）焊接铜带厚度：$0.3 \sim 0.8mm$；

3）生产线最大速度：15m/min，变频无级可调；

4）焊接方式：直流，高频引弧；

5）焊接电流可调范围：$15 \sim 250A$；

6）焊接与牵引同步控制，可随意停机后再起动，焊缝具有连续性。

放带架由张力控制装置控制主动放带架的放带速度，可以放2~5盘带，可预先将带材头尾焊接好，以减少开机过程中接带，放带架如图4-10所示。

成型焊接机是铜管焊接生产线的核心部分，也是平时操作和调整最重要的部分，如图4-11所示。其主要特点是让精切带和成型等所有装置围绕此中心线工作。其目的是让缆芯不经任何曲绕直接进入纵包成型焊接，以避免铠装钢

图4-10　放带架

丝松股和起灯笼壳。包括成型箱体、导带装置、前定位装置、精切带机、后定位装置、定径模、碳刷座、焊枪及焊枪调节装置、摄像装置及涡流探伤检测装置等。

钳式牵引机是整个焊管设备的主要动力设备，它是精切带和成型等的动力来源，也是圆整焊管或缩径及确保稳定焊接的动力来源，并起着隔离收线振动对焊接影响的作用，是整个设备的动力中心和同步控制的中心。钳式牵引机采用环形导轨，使小车沿环形轨道运行，如图4-12所示。钳式牵引机牵引平稳、噪声低，但生产不同的规格时需要换钳口。

图4-11　成型焊接机

图4-12　钳式牵引机

此外，为了满足后续绝缘层挤制要求，需要对焊接后的铜管表面清洁干燥。

2. 焊接缺陷及其产生原因

1）未焊透。铜管未焊透就会出现上盘开裂。未焊透的主要原因是电流太小或速度太快，因此需要加大焊接电流或降低焊接速度；另外可能是由于未加入氦气或氦气量太小，用纯氩焊造成熔深不够；再有一个可能就是成型不好。

2）偏弧。偏弧是经常产生的焊接缺陷，往往会造成一点或一段焊缝焊不好，焊弧明显焊到一侧。产生偏弧的原因是钨极未正对焊缝，应将钨极正对焊缝中央；成型合缝不平整，一边高一边低；焊带两侧一边有水锈、油斑或杂物，另一侧光亮，两侧不一致；钨极严重烧损和表面吸附杂物，钨极质量不好。

3）周期性小圆洞。一般是精切刀、成型轮等有周期运转的模具造成的，由于其损伤出现周期性圆洞。

4）机遇性漏洞。大多是由焊缝夹杂引起的，如铜丝夹入焊缝，致使局部合拢不好；精切带边并污染所致；缆芯或包带夹入合缝处，一般冒黑烟，严重的熄弧而形成长缝；水滴滴入缝中，一般会出现保护不好的黑色状漏洞。

5）机遇性小黑点或针孔。采用铈钨电极或带材不洁时容易形成钨极前端堆积物，当堆积物严重时，会一部分一部分下落，造成瞬时短路烧灼，表现为小黑点，严重时会造成针孔。另外，带材带过来的毛刺、短路烧灼也会留下发亮的斑点。采用钍钨电极并研磨抛光就会大大提高钨极的稳定性和焊接的可靠性。带材油污时，用电炉烘烤也可以很好地提高焊缝质量。

6) 微孔。一般是精切刀刀片间极微量的油挤压出来造成的，或是采用不太好的材料做成型模具而使合缝带入微量塑料造成的。

成型的好坏直接影响焊接的质量，当合缝不稳或合缝两边一边高一边低时，容易造成偏弧，因此要求成型合缝平整、合缝紧密、缝中不夹杂、缝在正上方且稳定。另外，缆芯外径要均匀，过大的缆芯容易使焊缝开裂，或根本不能焊接；缆芯不能压线，否则容易导致放线突然冲击从而导致焊接不良。

鉴于钢丝成型好坏及铜管焊接质量高低会影响到缆的抗压、导电性能以及后序挤塑工艺的实现，需要进行外观及结构尺寸的检测。此外，还应进行直流电阻的测试。

4.3 绝缘层挤制

缆芯外挤制绝缘层（护层）的主要作用是为导体提供耐压绝缘，为缆芯提供耐磨保护，隔离海水，避免外界潮气的侵入，并起到抗机械、化学和热的作用。海底光缆一般采用聚乙烯材料作为绝缘层（护层）。根据海缆结构需要，中继海缆导体外可挤制一层绝缘，也可在绝缘外再挤护层；无中继海缆则通常只需一层护层。为了确保海底光缆在长期使用环境下安全可靠，不同用途的海底光缆可以根据其实际使用环境选择相应的护套材料及护层结构。

4.3.1 挤制设备

挤制成型是在挤塑机中通过加热、加压而使塑料以流动状态连续通过口模成型的方法，故称为"挤塑"。与其他成型方法相比，挤制具有效率高、单位成本低的优点。

挤制设备一般由放线装置及放线张力装置、校直装置、预热装置、挤塑机（主机）、冷却装置、火花试验机、计米装置、牵引装置、收线装置及控制系统等组成，如图4-13所示。

挤制设备的核心是挤塑机，根据不同的螺杆类型及直径来命名。挤塑机是一种热挤设备，它将热塑性材料加热塑化、排气、压实、挤出、成型包覆在缆芯周围，并均匀、连续、光滑的挤包在缆芯上。

生产时，成盘的缆芯放置在放线装置上（大长度时采用线笼圈绕），并保证要有一定的张力，进入挤塑机头挤包绝缘层或护套层。为控制塑料层的厚度和挤出压力，应调节好模芯与模套间的环形间距，使塑料层均匀。螺杆和牵引的速度应互相配合好，以保证挤出外径和塑料层厚度均匀，并符合工艺尺寸的要求。按工艺规定控制温度并选配合适的模具。要经常观察加温系统的变化、外径的变化、速度的变化，防止塑料层的偏心、烧焦、塑化不良等现象出现。

火花检测仪位于生产线的后部，对光缆护层的介电强度进行在线检测，确保绝缘层的电性能和护层的完整性。当护层有针孔、不完整、杂质等缺陷时，探头会放电，严重时会击穿，故障点被发现并进行声光报警和故障点记录。

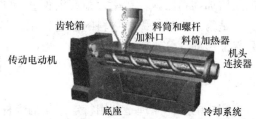

图4-13 挤制设备

挤塑机由挤压系统、传动系统和加热冷却系统组成。

（1）挤压系统 包括螺杆、机筒、料斗、机头和模具，塑料通过挤压系统而塑化成均匀的熔体，并在这一过程所建立压力下被螺杆连续地挤出机头。

1）螺杆是挤塑机的最主要部件，它直接关系到挤塑机的应用范围和生产率，由高强度耐腐蚀的合金钢制成。

2）机筒是一金属圆筒，一般用耐热、耐压强度较高、坚固耐磨、耐腐蚀的合金钢或内衬合金钢的复合钢管制成。机筒与螺杆配合，实现对塑料的粉碎、软化、熔融、塑化、排气和压实，并向成型系统连续均匀地输送胶料。一般机筒的长度为其直径的 15~30 倍，以使塑料得到充分地加热和塑化。

3）料斗底部装有截断装置，以便调整和切断料流，料斗的侧面装有视孔和标定计量装置。

4）机头由合金钢内套和碳素钢外套构成，机头内装有成型模具。机头的作用是将旋转运动的塑料熔体转变为平行直线运动，均匀平稳地导入模套中，并赋予塑料必要的成型压力。塑料在机筒内塑化压实，经多孔滤板沿一定的流道通过机头脖颈流入机头成型模具，模芯模套适当配合，形成截面不断减小的环形空隙，使塑料熔体在芯线的周围形成连续密实的管状包覆层。为保证机头内塑料流道合理，消除积存塑料的死角，往往还安置有分流套筒，为消除塑料挤出时的压力波动，也有设置均压环的。机头上还装有模具校正和调整的装置，便于调整和校正模芯和模套的同心度。

（2）传动系统 其作用是驱动螺杆，供给螺杆在挤出过程中所需的力矩和转速，通常由电动机、减速器和轴承等组成。

（3）加热冷却装置　加热分为电阻加热和感应加热。加热片装于机身、机颈、机头各部分。加热装置由外部加热筒内的塑料，使之升温，以达到工艺操作所需要的温度。冷却装置是为了保证塑料处于工艺要求的温度范围内而设置的。具体地说是为了排除螺杆旋转的剪切摩擦产生的多余热量，以避免温度过高使塑料分解、焦烧或定型困难。机筒冷却分为水冷和风冷两种，一般中小型挤塑机采用风冷，大型机则采用水冷或两种形式结合冷却。螺杆冷却主要采用中心水冷，目的是增加物料固体输送率，稳定出胶量，同时提高产品质量，但在料斗处的冷却，一是为了加强对固体物料的输送作用，防止因升温使塑料粒发黏堵塞料口，二是保证传动部分正常工作。

4.3.2　挤制原理

挤塑机的工作原理是利用特定形状的螺杆在加热的机筒中旋转，将由料斗中送来的塑料向前挤压，使塑料均匀地熔融，通过机头和不同形状的模具，使塑料挤压成连续性的所需要的各种形状的塑料层，并挤包在缆芯上。

1. 塑料挤出过程

绝缘层（护层）是采用连续挤压方式进行的，挤出设备一般是单螺杆挤塑机。绝缘塑料在挤出前，要事先检查塑料是否潮湿或有无其他杂物，然后把塑料预热后加入料斗内。在挤出过程中，装入料斗中的塑料借助重力或加料螺旋进入机筒，在旋转螺杆的推力作用下不断向前推进，从加料段开始逐渐地向均化段运动。同时，塑料受到螺杆的搅拌和挤压作用，并且在机筒的外热及塑料与设备之间剪切摩擦的作用下转变为黏流态，在螺槽中形成连续均匀的料流。在工艺规定的温度作用下，塑料从固体状态转变为熔融状态的可塑物体，再经由螺杆的推动或搅拌，将完全塑化好的塑料推入机头，到达机头的料流经模芯和模套间的环形间隙，从模套口挤出，挤包于缆芯周围，形成连续密实的绝缘层或护套层，然后再经冷却和固化，收至线盘。

2. 挤出过程的三个阶段

塑料挤出主要的依据是塑料所具有的可塑态。塑料在挤出机中完成可塑成型过程是一个复杂的物理过程，包括混合、破碎、熔融、塑化、排气、压实并最后成型定型。按塑料的不同反应将挤塑过程分成三个阶段，分别是塑化阶段（进行塑料混合、熔融和均化），成型阶段（完成塑料的挤压成型）和定型阶段（对塑料层进行冷却和固化）。

塑化阶段也称为压缩阶段，它是在挤塑机机筒内完成的，经过螺杆的旋转作用，使塑料由颗粒状固体变为可塑性的黏流体。塑料在塑化阶段取得的热量的来源有两个方面，一是机筒外部的电加热，二是螺杆旋转时产生的摩擦热。起初的热量是由机筒外部的电加热产生的，当正常开车后，热量的取得则是由螺杆中物料在压缩、剪切、搅拌过程中与机筒内壁的摩擦和物料分子间的内摩擦而产生的。

成型阶段是在机头内进行的，由于螺杆旋转和压力作用，把黏流体推向机头，经机头内的模具，使黏流体成型为所需要的各种形状尺寸的挤包材料，并包覆在缆芯外。

定型阶段是在冷却水槽和冷却管道中进行的，塑料挤包层经过冷却后，由无定型的塑性状态变为定型的固体状态。

3. 塑化阶段塑料流动的变化

在塑化阶段，塑料在沿螺杆轴向被螺杆推向机头的移动过程中，经历着温度、压力、黏度，甚至化学结构的变化，这些变化在螺杆的不同区段情况是不同的。塑化阶段根据塑料流动时的物态变化过程又分成三个阶段，即加料段、熔融段、均化段，这也是人们习惯上对挤出螺杆的分段方法，各段对塑料挤出产生不同的作用，塑料在各段呈现不同的形态，从而表现出塑料的挤出特性。

加料段又称预热段，在加料段首先就是为颗粒状的固体塑料提供软化温度，其次是以螺杆的旋转与固定的机筒之间产生的剪切应力作用在塑料颗粒上，实现对软化塑料的破碎。而最主要的则是以螺杆旋转产生足够大的连续而稳定的推力和反向摩擦力，以形成连续而稳定地挤出压力，进而实现对破碎塑料的搅拌和均匀混合，并初步实行热交换，从而为连续而稳定地挤出提供基础。在此阶段产生的推力是否连续均匀稳定、剪切应变率的高低、破碎与搅拌是否均匀都直接影响着挤出质量和产量。

经破碎、软化并初步搅拌混合的固态塑料，由于螺杆的推挤作用，沿螺槽向机头移动，自加料段进入熔融段。在熔融段塑料遇到了较高温度的热作用，这时的热源，除机筒外部的电加热外，还有螺杆旋转的摩擦热。而来自加料段的推力和来自均化段的反作用力使塑料在前进中形成了回流，这个回流产生在螺槽内以及螺杆与机筒的间隙中，回流的产生不但使物料进一步均匀混合，而且使塑料热交换作用加大，达到了表面的热平衡。由于在此阶段的作用温度已超过了塑料的流变温度，加之作用时间较长，致使塑料发生了物态的转变，与加热机筒接触的物料开始熔化，在机筒内表面形成一层聚合物熔膜，当熔膜的厚度超过螺纹顶与机筒之间的间隙时，就会被旋转的螺纹刮下来，聚集在推进螺纹的前面，形成熔池。由于机筒和螺纹根部的相对运动，使熔池产生了物料的循环流动。螺纹后面的固体塑料在沿螺槽向前移动的过程中，由于熔融段的螺槽深度向均化段逐渐变浅，固体塑料不断被挤向机筒内壁，加速了机筒向固体塑料传热过程，同时螺杆的旋转对机筒内壁的熔膜产生剪切作用，从而使熔膜和固体塑料分界面的物料熔化，固体塑料的宽度逐渐减小，直到完全消失，即由固态转变为黏流态。此时塑料分子结构发生了根本的改变，分子间张力极度松弛。若为结晶性高聚物，则其晶区开始减少，无定形增多，除其中的特大分子外，主体完成了塑化，即所谓的"初步塑化"，并且在压力的作用下，排出了固态物料中所含的气体，实现初步压实。

在均化段，具有几个突出的工艺特性。这一段螺杆螺纹深度最浅，即螺槽容积最小，所以这里是螺杆与机筒间产生压力最大的工作段；另外来自螺杆的推力和筛板等处的反作用力，使塑料充分交熔；这一段又是挤出工艺温度最高的一段，所以塑料在此阶段受到的径向压力和轴向压力最大，这种高压作用足以使含于塑料内的全部气体排出，并使熔体压实、致密。该段所具有的"均压段"之称即由此而得。而由于高温的作用，使得经过熔融段未能塑化的高分子在此段完成塑化，从而最后消除"颗粒"，使塑料塑化充分均匀，然后将完全塑化熔融的塑料定量、定压的由机头均匀地挤出。

4.3.3 挤塑模具

塑料挤出中的关键工艺因素之一是挤塑模具的设计。挤塑模具的几何形状、结构尺寸、流道设计等直接决定着塑料的挤出质量。

挤塑模具包括模芯和模套。模芯固定在模芯座上，其作用是固定和支撑缆芯，使塑料呈环状，并按一定方向进入模套，通过调整模芯座螺栓以调整模芯模套的相对位置。模套借助模套盖固定于机头上。模套的作用是使塑料通过它的内锥孔与模芯的外锥体所形成的间隙进入孔道成型。模芯、模套的结构尺寸和几何形状选择的原则是模芯模套之间形成的间隙应是逐渐缩小的，胶料通过间隙的速度是逐渐加快的，同时在这一流程中塑料不应遇到任何障碍，而成流线型流动，以保证塑料有足够的压力，挤塑胶层紧密，表面质量良好。挤塑模具分三种形式，即挤压式、半挤压式和挤管式。模具的结构基本一样，区别仅在于模芯前端有无管状承径部分和承径与模套的相对位置，如图 4-14 所示。

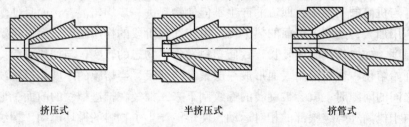

挤压式　　　　　半挤压式　　　　　挤管式

图 4-14　三种挤塑模具示意图

1. 挤压式模具

挤压式模具的模芯没有管状承径部分，模芯缩在模套承径后面。熔融的塑料通过模具的挤压直接包覆在芯线上。挤出的塑料层结构紧密、外表平整、热收缩性能好。模芯与模套间的夹角大小决定了料流压力的大小，影响着塑料层质量。模芯与模套尺寸及表面粗糙度也直接决定了挤出制品的几何形状尺寸和表面质量。模套孔径大小必须考虑解除压力后的塑料膨胀，以及冷却后的收缩等综合问题。由于压力式挤出，塑料在挤出模口处会产生较大的反作用力，因此出胶量比挤管式小得多。该模具调偏困难，尤其是当缆芯有弯曲时，容易造成塑料层偏心严重，且厚薄不容易控制。

2. 挤管式模具

挤管式模具在挤出时模芯有管状承径部分，模芯口端面伸出模套口端面或与模套口端面持平的挤出方式称为挤管式。挤管式挤出时由于模芯管状承径部分的存在，使塑料不是直接压在缆芯上，而是沿着管状承径部分向前移动，先形成管状，然后经拉伸再包覆在线芯或缆芯上。为了增大结合力，通常采用真空挤塑，将塑料吸附在缆芯上。

挤管式模具的优点如下：

1）挤出速度快，挤管式模具充分利用塑料可拉伸的特性，出胶量由模芯和模套之间的环形截面积来确定，它远远大于护套的厚度，所以线速度可根据拉伸比不同而有所提高；

2）生产时操作简单，偏心调节容易，其径向厚度的均匀性只由模芯模套的同心度来决定；

3）配模方便，同一套模具可以利用调整拉伸比的办法挤制不同尺寸的护套；

4）塑料经拉伸后发生"定向"作用，特别是对结晶性高聚物，结果使得塑料机械强度提高；

5）护套厚薄容易控制，通过调整牵引速度来调整拉伸比，从而改变护套厚度。

与挤压式挤出相比，其缺点如下：

1）塑料层的致密性差，因为模芯和模套之间的夹角很小，所以塑料在挤出时受到的压紧力较小，为了克服这一缺陷，可以在挤出中增加拉伸比，使分子排列整齐而提高塑料层的致密性；

2）塑料层与缆芯的结合力差，可通过抽真空或提高拉伸比的方法解决；

3）挤出外表不如挤压式圆整，缆芯的不均匀性都能在护套表面反映出来。

采用挤管式方式挤制护套会产生一定的拉伸，而此种拉伸会影响到光缆护套的挤出质量，因而采用挤管式挤出方式挤制护层时必须控制好拉伸平衡度（DRB）和拉伸比（DDR）。

$$DRB = \frac{D_D/d_o}{D_T/d_i} \qquad (4-3)$$

$$DDR = \frac{D_D^2 - D_T^2}{d_o^2 - d_i^2} \tag{4-4}$$

式中　DRB——拉伸平衡度，DRB > 1 为紧包，DRB = 1 为平衡拉伸，DRB < 1 为松包；

　　　DDR——拉伸比，通常，对于 LDPE（低密度 PE），DDR 取 1.3 ~ 2.0，对于 HDPE（高密度 PE），DDR 取 1.0 ~ 1.2；

　　　D_D——模套内径，单位为 mm；

　　　D_T——模芯外径，单位为 mm；

　　　d_o——护套外径，单位为 mm；

　　　d_i——护套内径，单位为 mm。

3. 半挤压式模具

半挤压式模具也可称为半挤管压式模具，模芯有管状承径部分，但比较短。模芯承径的端面缩在模套口的端面内，是挤管式和挤压式的过渡形式。它改善了挤压式模具不易调偏心的缺点，特别适用于挤包大规格的绞线绝缘和要求包紧力大的护套。但柔软性较差的缆芯不宜采用这种模具进行塑料层的挤包，因为当缆芯发生各种形式的弯曲时都将产生偏心。

4. 配模计算

模芯　　　　　　　　　　$D_T = d_C + C_1$ 　　　　　　　　　(4-5)

模套　　　　　　　$D_D = D_T + 2t + 2\delta + C_2$ 　　　　　　(4-6)

式中　D_T——模芯外径，单位为 mm；

　　　d_C——缆芯直径，单位为 mm；

　　　D_D——模套内径，单位为 mm；

　　　t——模芯嘴壁厚，单位为 mm；

　　　δ——塑料挤出厚度，单位为 mm；

　　　$C_{1,2}$——模芯与模套的放大值，单位为 mm。

通常，挤制融熔黏度小的材料，采用挤管式模具或挤压式模具均可；挤制融熔黏度大的材料，选择挤管式模具；融熔后流动性差的，选用挤压或半挤压式模具。挤出绝缘层多选挤压式模具，挤出护套层可选挤管式模具。

4.3.4　影响塑料挤出质量的因素

海缆绝缘挤出要求具有良好的电气性能，且不得有波浪、竹节及偏心，绝缘表面平滑、平整，无疙瘩或塌坑，绝缘层横断面上无肉眼可见的气泡、气孔和砂眼，不应有塑化不均和焦烧等现象，绝缘挤包层应经过直流火花试验。护套表面应光洁圆整，护套横断面无肉眼可见的气泡、砂眼及疙瘩等缺陷，挤包层应连续完整，厚度满足工艺规定的标称厚度等。生产过程中影响塑料挤出质量的因素如下：

（1）挤出材料　聚乙烯材料包括低密度聚乙烯、中密度聚乙烯和高密度聚乙烯，其性能各异，且与密度、相对分子质量、支化情况和相对分子质量的分布等有着密切的关系，为了满足海底恶劣的使用环境和使用条件，海底光缆用绝缘料应选用具有优异电气性能的优质材料，护套材料应具有优良的耐 ESCR 性，良好的加工性能、低收缩性、耐磨性及阻隔性能等。

（2）挤出温度　温度的可调性和稳定性是保证挤出质量的主要因素。温度对熔体黏度有显著影响，挤塑机的加热应适应聚乙烯熔体的流动特性。挤塑机从加料段到均化段温度逐渐升高，并应能保证温度沿螺杆三个区域分段控制。挤塑温度一般是根据塑料的黏流温度和分解温度确定的，同时也要考虑挤出制品的几何尺寸和形状。由于挤出温度可以影响塑料挤出层的物理结构，因而会影响聚乙烯的物理 – 力学性能；由于挤出温度对熔体密度有显著影响，因而会间接影响挤出塑料的紧实性；由于温度对塑料的黏弹性，即挤出时塑料的膨胀性有影响，因而会影响聚乙烯挤出绝缘和护套层的尺寸精确性和稳定性以及表面状态。温度还会影响挤出速度。

（3）挤出压力和挤出速度　挤出压力太小难以保证挤包紧实，压力太大不仅影响挤出量，还会增大机械负荷。只有在挤出压力适当时，才能保证有效地压实塑料，确保挤包层的紧实性、尺寸的稳定性。加快螺杆转速来加速聚乙烯熔体的流动，不易获得较好的挤出效果。因为在低剪切速率下更有利于保持塑料熔体黏度的稳定，从而使挤出塑料层外表美观尺寸稳定。在生产中往往发现，因螺杆转速加快而致剪切速率增大会出现不正常，如表面粗糙、有竹节、疙瘩以及形成不规则的形状，甚至断裂。

（4）挤塑模具　模具的结构和尺寸对挤出塑料的质量和挤出速度均有显著影响。在设计模具时应根据塑料的熔流理论并考虑以下因素：①塑料的类型和特性，因为不同塑料的流动特性不同，挤出时的弹性效应不同；②缆芯的结构形式和尺寸；③绝缘层的尺寸等。

（5）冷却条件　在挤包聚乙烯绝缘和护套时，必须严格控制冷却条件，因为聚乙烯的结晶状况取决于挤出和冷却条件。为避免聚乙烯骤冷而引起的残留内应力导致后期应力开裂，一般要求冷却水槽分段降温，第一段水温控制为 60 ~ 90℃，第二段水温控制在 40 ~ 45℃，最后到室温，即进行高低温分段冷却。

（6）缆芯表面处理和预热　缆芯表面要清洁、平滑、无油垢、无氧化层。如果表面附有油污、水渍，则在高温挤出时会形成气泡，表面有氧化物会降低绝缘层的老化性能。线芯预热有利于塑料熔体流动均匀，有利于成型并保证挤包接缝紧实，同时有利于消除挤出时的绝缘层收缩。

有中继的深海光缆（LW、LWP）在铜导体外通常需要挤出绝缘层和护套层，而深海光缆在布放过程中，如果绝缘层与铜管黏结不牢，则会产生层间滑移，严重时会将护套拉脱，使海缆受损。为了确保铜管与绝缘层的黏结力，通常有两种实现方式，一是在铜管焊接时采用的拉拔液选用热熔胶，另一种是在绝缘层挤制前先挤制一层黏结材料（双层共挤），确保金属层与绝缘层间黏结力达到规定要求。

铜管与护套黏结力试验方法为截取一定长度的样段，将试样的两端及中间 PE 绝缘层剥除，如图 4-15 所示。

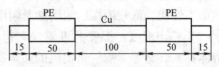

图 4-15　铜管/绝缘层黏结力试验试样

再将试样置于拉力试验机上，两端选取合适的夹具固定，确保铜管与护套层之间承受拉力，拉伸速率应不大于 50mm/min，直至铜管与护套层之间发生滑移，记录拉力值。

此外，该项工序结束后除常规衰减系数外，还应进行绝缘电阻、直流耐压等电性能的测试。

4.4　铠装及外被层

铠装是海底光缆最重要的结构元件之一，它提供了机械保护和张力稳定性。铠装设计应根据海缆规划路由中的抗拉强度、外部危害和保护要求进行。铠装必须提供足够的机械保护，防止安装机具、渔具和锚具带来的外部威胁。

所谓铠装就是在缆芯外面缠绕加强件（线）。海缆的加强件通常由有金属镀层的钢丝，沿缆芯按一定的绞合节距绞制而成。节距是铠装单线沿缆芯旋转一周前进的距离。钢丝铠装要紧密完整地绕包在缆芯上，并且钢丝之间间隔的总和不超过一根钢丝的直径。铠装的同时在钢丝铠装层或间隙填充防海水腐蚀的沥青，外加聚丙烯绳外被层保护。

铠装生产线主要由放线架、放线张力控制器、绞体、沥青涂覆机、PP 绳缠绕机、计米器、牵引装置、收排线架、电气控制系统等组成，如图 4-16 所示。

图 4-16　绞缆设备

（1）绞体 绞体一端由轴承支承，其余采用托轮辅助支承，线盘架在圆周上等分分布。采用端轴式手动夹紧，并且有机械锁紧机构进行安全保护。线盘架放线张力采用电动机控制，张力传感器置于摇篮出口，通过程序内部计算加传感器微调的方式，保证从满盘到空盘的张力恒定。每段绞体单独由交流变频电动机驱动，具有左右向旋转功能。

（2）沥青涂覆机 采用电加热器直接加热沥青，加热温度可以设定和调节。沥青通过齿轮泵、管道经过喷嘴对海底光缆进行涂覆。齿轮泵安装在沥青缸内直接抽取沥青，齿轮泵由电动机变频调速。停车时，电动机驱动齿轮泵反转，使齿轮泵内沥青排空。

（3）PP绳缠绕机 一端由轴承座支承，主轴圆盘由托轮支承。由交流变频电动机单独驱动，具有左右向及停车功能。PP绳张力由机械摩擦控制，张力大小可手动调节。在出线端进行绕扎，PP绳汇集的地方带有蘑菇头设计。

（4）牵引装置 采用双轮、双主动形式，两轮互相倾斜，便于海底光缆行进，保证海底光缆表面不挤压。单独由交流变频电动机驱动，变频控制。带有气动压线装置，保证停机时海底光缆不松弛，且绞合节距稳定。

铠装机在旋转绞体上有很多线盘，海缆经放线架从装铠机的中心轴穿过。随着绞笼的旋转，把钢丝单线从线盘中拉出到装铠出口的喇叭形绞合模中，在喇叭口处，铠装线沿中心线绕到缆芯上。由于线盘轴与绞笼架是固定连接的，因而线盘轴与绞笼一起转动，绞笼每转一周，就会有360°的扭转，采用行星齿轮式或同步带式铠装机可以有效实现退扭，保证单线在绞合到缆芯时没有扭转。在绞制粗钢丝或高强度钢丝时可采用预变形方式消除或减少钢丝的内应力。

由于需要把很多根钢丝从线盘上拉出并绕在缆芯上，所以牵引海缆通过装铠机时就需要非常大的拉力，因而需要很大的履带或轮式牵引装置。

要保持正确的绞线节距。铠装的节距由装铠机的牵引速度和绞笼的旋转速度之比来确定。现在海底光缆铠装机常常串联两台铠装机以完成整个一层的铠装，其绞笼的旋转方向一致，绞合节距也相同。制造双层同向的铠装时，绞笼的旋转速度不同，每层的节距也不一样。也可制造双层反向的铠装，即两个绞笼的旋转方向相反。

单层钢丝按照国家标准应左向（S）绕包，双层钢丝的内层应右向（Z）绕包，外层应左向（S）绕包，当要求双层钢丝取同向绕包时，应左向（S）绕包。

由于装线盘装载容量有限，所以生产时每隔一段时间需要换上满载钢丝的线盘，采用焊接的方式将两段钢丝线连接，连接处的钢丝强度要与原丝一致，接头粗糙表面处应处理平整，并作适当的防腐蚀处理。为了保证光缆的整体强度，钢丝焊接点的距离应尽可能拉长，一般同层钢丝焊头之间的直线距离应不小于1m。

铠装需要防腐蚀保护，通常采用涂覆沥青的方式，在铠装钢丝进入模具前和通过后，用融化的热沥青浸没，以确保铠装钢丝上沥青均匀完整，黏着良好。铠装外面绕包聚丙烯（PP）外被层，纤维层应紧密绕包，为了避免 PP 绳外沥青在储存时滴出，根据需要还可绕包聚氯乙烯（PVC）带等。海缆的外被层就是铠装钢丝外的部分。

对于长距离海底光缆通信系统，为了提高系统的可靠性，应尽可能减少海底光缆接头盒的数量。要求海缆的所有制造工序必须使生产长度尽可能长，每个生产工序的最长连续制造长度取决于光缆的外径尺寸和重量，实际上是由生产线的收放线装载容量决定的。国外为了提交大长度的海缆，采用软接头的方式在工厂内连接，也就是将前段海缆缆芯与下一根缆芯，在洁净环境内相连接，接头完成后缆芯通过铠装形成连续的铠装层。工厂接头外径仅比光缆大几毫米，缆芯的接头技术要求很高。

铠装结束后除了对光纤进行衰减测试外，还应进行结构尺寸、绝缘电阻和耐压性能的测试。

4.5 贮存及运输

4.5.1 贮存

海底光缆的贮存方式根据长度不同分为线盘盘装和散装圈绕两种。线盘盘装指生产时海缆直接收于缆盘上；散装圈绕指生产时海缆经过导轮引导，将其堆叠在专用海缆池中，如图 4-17 和图 4-18 所示。盘装适于较短的光缆或外径较细的海缆，大长度的海缆一般采用圈绕。

图 4-17　海缆池与圈绕海缆

海缆池多为钢筋混凝土筑成的圆形池子，也有用石头砌成或用钢板建成的。池底及池内侧装有排灌水管道，池外侧配备自来水阀或抽水机设备。池中央有一个直径不小于 2m 的钢筋混凝土圆柱体（或钢构圆柱体），池壁的厚度为 40～50cm，并要求池内灌满水后不漏水。池底所能承受的压力与池的深浅有关，建造的海缆池越深，则装缆量越大，但要求池底的抗压性

图 4-18　盘装海缆

能也越高,一般池深不小于5m。

海缆池直径的大小可根据贮存海缆的实际需要来定,一般海缆池的直径为6~17m。池顶应有钢质结构的屋棚或架子,其高度离池底不小于4.5m。屋棚或架子的中央可悬挂滑轮,并能承受不小于2940N的垂直拉力,以配合拉缆机的使用。

海缆池应该池底平坦、池壁光滑,中央圆柱体应与海缆池成一个同心圆,且池顶具有传送装置。存放海缆的两端头应露在外面,并做好标记,海缆头必须密封,以防潮气侵入。存放海缆的环境温度应符合制造厂海缆说明书上的要求,一般不得高于50℃或低于-20℃。在冬季如遇海缆表面结冰时,必须先使冰融化方能移动,以免损伤外护层,但所施于海缆表面的温度不得超过规定的最高温度。在夏季,当环境温度超过40℃时,可喷水进行冷却,并避免阳光曝晒。海缆贮存时弯曲半径不应小于允许弯曲半径。

海缆因结构和钢丝铠装不同,刚度也不同。当海缆从直线状态盘绕成圈状时,海缆自身逐渐旋转,每一圈绕周长一周要旋转360°,即将钢丝铠装旋紧或旋松,这是海缆旋转的铠装捻紧力,也就是海缆潜在的退扭力。当海缆从圈状再转变成直线状态时,潜在退扭力有促使海缆旋转恢复原状的趋势。由于退扭力是由不同钢丝结构和不同盘绕方式形成的,故较难计算。海缆在盘圈时产生退扭力,在转运导放时应将其释放,需要配有足够高度的退扭架和牵引装置。退扭架高度与海缆盘圈直径有关,海缆在提升过程中应能自由地退尽盘绕时积累的退扭力,因此较小的盘缆直径有利于降低所需的退扭高度。盘缆的最小直径应不小于60倍的光缆直径。目前一般采用履带牵引机,将盘圈的海缆牵引提升起来。盘绕缆时应按生产厂规定保持内圈最小直径,采用支撑装置防止光缆从不断增大的光缆堆上滑落。在盘绕光缆堆上操作的人员必须将光缆放置到位。

退扭高度可参考下列公式计算:

$$H = 1.5d \tag{4-7}$$

或

$$H = 0.7D \tag{4-8}$$

式中 H——退扭高度,单位为m;

    d——内圈直径,单位为m;

    D——外圈直径,单位为m。

两个公式的计算结果差别较大,但都有一定的道理,在具体使用时可选取较大值。盘放海缆的工作可由5~10人组成的工作组进行,相互配合使海缆一圈紧靠一圈贴在一起。放置海缆可以从外圈开始由外向内(靠中心锥体)盘放,左向(S)铠装的海缆盘缆方向应该是顺时针,当盘绕方向错误时,有可能出现海缆打结和打圈,导致盘缆失败。为了防止海缆层相粘,层与层之间可涂一层白垩粉溶液。

由于反向绞合的钢丝不易盘缆，所以目前多选择在海缆池内设置自动盘缆系统。这同时节省了盘缆作业的人力，改善了作业环境，提高了作业安全性，而且对盘缆作业的质量也有了较大提高。

海缆仓底、仓壁、导缆口、牵引设备等要进行严格的检查，不能有任何毛刺和其他锋利物体，以免刮伤、刺伤海缆，对无铠海缆尤需注意。

从盘绕的海缆圈上约 6～15m 处放下海缆进行盘绕，海缆盘绕要紧密、平整，如有扭曲，则必须整直后盘入圈内。转层海缆应相互错开，尽量使其平整。层次应分明，装缆长度要有专人详细记录。海缆端头应露在外面，并采用合适的封帽密封。

海缆装载量的计算。

1）按照海缆仓容积计算海缆长度，其公式为

$$V = \frac{\pi h}{4}(D^2 - d^2) \tag{4-9}$$

式中　V——海缆仓的容积，单位为 m^3；

　　　h——海缆的允许盘高，单位为 m；

　D、d——海缆仓的外、内径，单位为 m；

　每 km 海缆的体积为

$$U = \frac{\pi d_\mathrm{c}^2}{4} \times 1000 \tag{4-10}$$

式中　U——每 km 海缆的体积，单位为 m^3/km；

　　　d_c——海缆的外径，单位为 m；

　则海缆仓的装载量为

$$L = C \frac{V}{U} \tag{4-11}$$

式中　L——海缆的长度，单位为 km；

　　　C——海缆的占积系数，铠装海缆取 0.72～0.74，无铠海缆取 0.76。

将式（4-9）和（4-10）代入式（4-11）可得

$$L = \frac{Ch(D^2 - d^2)}{1000d_\mathrm{c}^2} \tag{4-12}$$

2）按照海缆仓盘缆面积和盘缆层数计算海缆长度，其公式为

$$L = \frac{M\pi(D^2 - d^2)}{4000d_\mathrm{c}^2} \cdot n \tag{4-13}$$

式中　M——盘绕海缆的平面填充系数，铠装海缆可取 0.9，无铠海缆取 0.96；

　　　n——盘绕层数，$n = h/d_\mathrm{c}$；

3）通过海缆装载的长度计算装载的海缆重量，其公式为

$$w = Lw_\mathrm{S} \tag{4-14}$$

式中 w——海缆装载量，单位为 N；

$\quad\quad w_S$——海缆的每 km 重量，单位为 N/km。

4）盘装海缆长度为

$$L = \pi PN(d_2 + PD)/1000 \tag{4-15}$$

$$P = (d_1 - d_2 - 2t)/2D \tag{4-16}$$

$$N = (0.9L_2)/D \tag{4-17}$$

式中 L——海缆长度，单位为 km；

$\quad\quad P$——卷饶层数；

$\quad\quad N$——每层卷绕圈数；

$\quad\quad D$——海缆外径，单位为 mm；

$\quad\quad d_1$——收线盘外径，单位为 mm；

$\quad\quad d_2$——收线盘内径，单位为 mm；

$\quad\quad L_2$——收线盘内宽，单位为 mm。

4.5.2 运输

海底光缆的运输一般可分为水运和陆运两种。水运较多采用的是专用的海缆船，也有采用驳船的。陆运可采用公路运输和铁路运输。公路运输一般采用大型载重平板汽车，也有使用特种汽车来装运整条海缆的。

水上运输可以减少海缆来回装载倒换的环节，使海缆受损概率降低。当海缆制造长度很长时，海缆船和大型的驳船就可以胜任海缆的装载任务。海缆船可以直接驶往海缆贮存地或海缆制造厂，停靠在具有专门传送海缆设备的码头上，利用工厂中的导缆滑轮组把海缆装载到海缆船上。导缆滑轮每间隔 3～5m 安装一个，在转角处须安装转角导轮，在海缆绞车或拉缆机的牵引下，通过导缆滑轮组装入海缆仓内。

海缆安装完毕后，应将存放海缆的舱室用盖板盖住，但海缆两端头需留在外面，以便于测试。在船只航行到目的地期间，每天都要组织人员对海缆进行检查，以预防海缆偶然损坏的可能性。海缆运输过程中要防止阳光直接曝晒，且应使海缆始终处于技术条件所允许的温度范围之内，否则应采取相应措施。

相对于水上运输而言，陆上运输具有快捷、方便、适应能力强、不受地域限制等特点。利用载重平板汽车运输海缆的方法比较简单，先将海缆呈椭圆形盘绕在平板车上，海缆内圈的弯曲半径不小于规定值，并按顺时针方向盘绕。海缆装完后应用粗麻绳妥善固定，以防止在路上散乱。由于海底光缆的制造长度很长，所以必须要求载重汽车有较大的额定载重量，并且还应具备较大容积的车厢。国外还有采用铁路运输的，如图 4-19 所示。与汽车运输一样，也是在工厂内将海缆倒入车厢内呈椭圆状盘放，运至目的地后需要再次倒入施工的布缆船内。

图 4-19　海底光缆公路、铁路及水上运输

　　海底光缆在运输过程中，要防止烟火、有害气体和液体的接近；运输及储存时应注意避免阳光直接曝晒海缆，因为海缆外层的沥青软化点较低，太阳直射下产生的高温会造成沥青滴淌，污染周遭。陆路运输过程中应采取有效措施，防止路上颠簸冲击、机械摩擦等对海底光缆的损伤。

参 考 文 献

[1] 魏杰，金养智. 光固化涂料 [M]. 北京：化学工业出版社，2008.

[2] 张永康. 激光加工技术 [M]. 北京：化学工业出版社，2004.

[3] 李定云，林为斌. UV 固化着色料的固化度测定 [J]. 光纤与电缆及其应用技术，2006 (6)：20 – 21.

[4] 朱家碧，汪景璞. 电缆绝缘用低密度聚乙烯挤包理论的探讨 [J]. 哈尔滨电工学院学报，1981 (4).

[5] THOMAS W. 海底电力电缆 [M]. 应启良，徐晓峰，孙建生，译. 北京：机械工业出版社，2011.

[6] 王瑛剑，李海林，等. 海军海缆线路业务员考核指南 [M]. 武汉：海军工程大学出版社，2013.

[7] 印永福. 电线电缆手册：第 3 册 [M]. 2 版. 北京：机械工业出版社，2009.

[8] 王浩，曹火江. 基于模块化组建的海缆敷设船设计与应用 [J]. 海缆技术，2016 (2).

第 **5** 章

海底光缆附件

　　海底光缆附件（以下简称附件）是海底光缆通信系统中不可或缺的重要部件，为两段或多段海缆之间连接提供接续与保护，实现海缆通信系统中光传输链路的"无损"连接。附件作为承载空间也可安装有源、无源器件或模块，实现系统光电信号的放大再生等功能，为系统长距离传输提供基础支撑，使被连接海缆的机械、光电、耐水压及抗腐蚀等指标满足使用要求。

　　附件与海缆相连接，由于海缆布放是通过布缆船的布缆机释放，所以要求附件结构外形要与布缆船的特殊要求相适应。附件接续装配基本上都在海上现场作业，一个作业周期不应大于一个潮汐时间段。针对海缆附件在通信系统中功能或应用场合不同，可分为海缆接头盒、海缆分支器、海缆柔性接头、海缆中继器及接驳盒等类型；或按照使用海域水深分为深海用系列及浅海用系列附件等。

　　自 20 世纪 80 年代以来，随着信息技术的发展，附件在海缆通信系统中的重要作用日益凸显，高带宽、长距离传输需求使得跨洋海缆通信已成为国际通信骨干网的重要组成部分，海缆接续工艺得到了迅猛发展。当今国外附件制造技术与接续工艺稳定可靠，已实现滩涂、浅海、深海等全海域全覆盖应用。我国自 20 世纪 80 年代后期开始从事附件研发，经过多年发展，部分附件的主要技术性能达到或超过国外同类产品水平，拥有多项自主知识产权，可满足不同应用水深和海域的光纤通信系统工程需求。

5.1 附件通用设计

　　材料选择、强度计算、密封设计及光电接续与保护是所有附件的通用设计要求。

5.1.1 附件材料选择

　　附件用于海洋环境中，在使用过程中要求具备较大拉伸负荷，从强度来考虑，金属材料是首选，由于海水对金属材料具有很强的腐蚀性，同时海洋某些生物导致的生物污染也加速了对金属的侵蚀速度，所以附件中与海水直接接触的金属材料必须具备耐海水腐蚀性能。在海水作用下，金属材料表层会发生化学或电化学多相反应，使金属表面氧化或成为离子态，其强度、塑性、韧性等力学性能显著降低，缩短了金属构件的使用寿命。金属材料耐海水腐蚀分类标准见表5-1。

表5-1　金属材料耐腐蚀分类标准

耐腐蚀性分类	耐腐蚀级别	腐蚀速度（mm/年）
Ⅰ 完全耐蚀	1	<0.001
Ⅱ 相当耐蚀	2	0.001~0.005
	3	0.005~0.01
Ⅲ 耐　　蚀	4	0.01~0.05
	5	0.05~0.1
Ⅳ 尚耐蚀	6	0.1~0.5
	7	0.5~1.0
Ⅴ 耐蚀性差	8	1.0~5.0
	9	5.0~10.0
Ⅵ 不耐蚀	10	>10.0

通常用腐蚀速度来评估金属在某一定环境和条件下的耐腐蚀性。腐蚀速度常用单位时间单位面积金属表层转变为腐蚀产物所引起的金属重量的变化来表示；也可用单位时间内金属的腐蚀深度来表示。

金属材料腐蚀是指金属与周围液体电解质发生化学或电化学腐蚀而产生的破坏现象。金属材料与液体电解质作用所发生的腐蚀叫作电化学腐蚀，是由于金属表面产生原电池作用引起的，构成腐蚀原电池或腐蚀电池。即使是同一块金属，不与其他金属相接触，单独置于液体电解质中也会产生腐蚀效应，由于金属中存在杂质，所以易形成腐蚀电池。在液体电解质中金属表面上形成的这种微小原电池称为腐蚀微电池，是由于金属本身化学成分、组织结构与金属表面膜等不均匀导致的。

同一块金属置于同一电解质溶液中，由于溶液浓度、温度、流速不同也能产生腐蚀电池。金属的电位与溶液中金属离子浓度有关，如果电解质溶液中含有金属离子，那么溶液越稀，金属的电位越低；溶液越浓，电位越高，从而构成腐蚀电池。氧浓差电池也是腐蚀电池，它是由金属与含氧量不同的溶液相接触而形成的，溶液中氧浓度越大，氧电极电位越高。如果溶液中各部分含氧量不同，则在氧浓度较低的地方，金属的电位较低，成为腐蚀原电池中的阳极，此处的金属常遭受腐蚀。

钝化能力较强的不锈钢材料在海水中的腐蚀电位随浸泡时间正向增长，其腐蚀电位趋于稳定的时间较长，稳态腐蚀电位波动较大；钝化能力较弱的不锈钢材料则相反。不同不锈钢材料在海水中的稳态腐蚀电位有差异，腐蚀电位正负顺序体现了耐海水腐蚀性能的优劣，若稳态腐蚀电位较正，则其耐蚀性较好；若稳态腐蚀电位较负，则其耐蚀性较差。

金属钛材具有强烈钝化能力，在氧化性或中性水溶液中能迅速生成一层稳定的氧化性保护膜，即使保护膜遭破坏，也能迅速自动恢复，钛材具有优异的耐腐蚀性，在许多情况下与异种金属接触时，并不会加速其腐蚀，反而会加快异种金属的腐蚀。在一般情况下，钛材不会发生孔蚀，具有非常强的抗腐蚀疲劳稳定性。以钛为基体加入铝、锡、铬、锰等元素形成合金后，提高了强度、韧性、加工及冲压等性能。金属材料耐腐蚀性等级见表5-2。

表5-2 常见金属材料在20℃海水中耐腐蚀等级

金属材料	耐腐蚀级别
不锈钢（18% Cr，8% Ni，0.1% C）	4 ~ 5
不锈钢	1 ~ 3
镍铬合金（20% Cr）	3 ~ 4
镍铬钼合金（20% Cr，20% Mo）	1
钛	1 ~ 2
金	1

海缆附件直接接触海水，必须耐腐蚀，金属材料首选为钛合金，不锈钢材料次之，如果临时性使用或者使用周期较短，那么也可采用在普通钢材加镀层保护方式替代耐腐蚀材料使用。

5.1.2 附件强度设计

附件强度设计主要考虑两方面因素，即拉伸负荷与水压载荷。附件在浅海海域使用时有抗毁性要求，拉伸负荷作用占主导，水压载荷作用可忽略不计；附件在深海海域使用时，水压载荷作用变得较为突出，计算时需考虑。

1. 拉伸负荷设计

附件的拉伸负荷最终作用在外壳体上，为外壳体最大承载能力，其使用的金属材料承受由均匀塑性变形向局部集中塑性变形过渡的临界载荷。外壳体受力示意图如图5-1所示。

$$Rm = \frac{F}{S} = \frac{4F}{\pi D^2 - \pi d^2} \leq \frac{\sigma_b}{m} \tag{5-1}$$

式中　Rm——附件承载的拉伸负荷，单位为 MPa；

　　　F——附件轴向作用力，单位为 N；

S——外壳体截面积，单位为 mm^2；

D——外壳体外径，单位为 mm；

d——外壳体内径，单位为 mm；

m——安全裕度系数，具体参数多少由设计者控制；

σ_b——使用材料的强度极限，单位为 MPa。

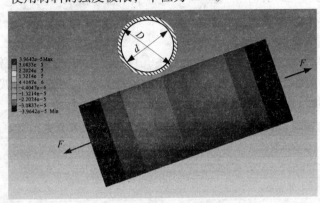

图 5-1　外壳体受力分析示意图

根据仿真效果分析，筒体在受外载荷时，两端形变、作用力最大，而筒体两端的连接螺纹将成为外载荷主要承受者，若螺纹本身出现异常，则将会影响整体机械强度。螺纹承载的总轴向力为 F，需要对与之配合的连接件螺纹强度进行校核。假设将螺纹沿大径处展开，共 n 圈，可看作宽度为 πDn 的悬臂梁。螺纹大径处展开如图 5-2 所示，可以看作是宽度 h 为悬臂梁，在力的作用处厚度为 b，则螺纹危险剖面力作用处的剪切强度 σ_J 见式（5-2）。

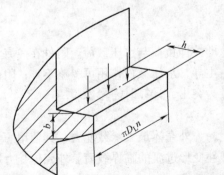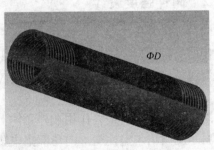

图 5-2　螺纹受力分析示意图

$$\sigma_J = \frac{F}{\pi D_L bn} \leqslant \frac{\sigma_s}{k} \qquad (5\text{-}2)$$

式中　F——螺纹承载的总轴向力，单位为 N；

　　　D_L——螺纹大径，单位为 mm；

　　　n——实际工作螺纹旋合圈数；

　　　b——力作用处的螺纹宽度，单位为 mm；

　　　h——螺牙实际工作高度，单位为 mm；

　　　σ_s——螺纹材料的屈服极限，单位为 MPa；

　　　k——安全裕度系数，具体参数需要设计者给出。

即使螺纹制造和配合精度都较高，各圈螺纹上的受力也是不同的。一般情况下，螺纹第一圈承受的有效载荷最大，多圈以后螺纹承受载荷将变得很小。

2. 使用寿命设计

随着金属构件腐蚀加剧，拉伸负荷将会逐步下降，可根据材料腐蚀程度来预计使用寿命。如果每年材料腐蚀厚度为 δ，则使用寿命的设计值为 y，外壳体结构如图 5-3 所示。

图 5-3　外壳体结构图

$$Rm' = \frac{F}{S'} = \frac{4F}{\pi(D - y\delta)^2 - \pi(d + y\delta)^2} = \frac{4F}{\pi(D + d)(D - d - 2y\delta)} \quad (5-3)$$

$$Rm' = \sigma_b$$

外壳体设计使用寿命为

$$y = \frac{\pi(D^2 - d^2) - 4F}{2\pi(D + d)\delta\sigma_b} \quad (5-4)$$

式中　y——外壳体设计使用寿命，单位为年；

　　　Rm'——材料被腐蚀后承载最大拉伸负荷，单位为 MPa；

　　　F——外壳体总轴向作用力，单位为 N；

　　　S'——外壳体被腐蚀后截面积，单位为 mm²；

　　　D——外壳体被腐蚀前外径，单位为 mm；

　　　d——外壳体被腐蚀前内径，单位为 mm；

　　　δ——金属材料每年被腐蚀的厚度，单位为 mm；

　　　σ_b——金属材料的强度极限，单位为 MPa。

海水直接接触的连接螺纹同样受到海水的腐蚀。如果每年材料腐蚀厚度为 δ，螺纹连接剪切强度的变化对使用寿命的设计值为 s，则连接螺纹最大剪切应力 σ_J 为

$$\sigma_J = \frac{F}{\pi D_L(b - 2s\delta)n} \leqslant \sigma_s \quad (5-5)$$

螺纹使用寿命的设计值为

$$s = \frac{b}{2\delta} - \frac{F}{2\pi D_\mathrm{L} n\delta\sigma_\mathrm{s}} \tag{5-6}$$

式中　s——设计使用寿命或预期使用寿命，单位为年；

　　　　F——螺纹受到的轴向力，单位为 N；

　　　　D_L——螺纹大径，单位为 mm；

　　　　n——实际工作时的螺纹旋合圈数；

　　　　b——力作用处螺纹宽度，单位为 mm；

　　　　σ_s——螺纹材料的屈服极限，单位为 MPa；

　　　　δ——材料每年被腐蚀的厚度，单位为 mm。

在外壳体与连接螺纹的设计寿命值中，选用较小值作为使用寿命的期望值。附件在使用过程中受到外部应力作用，金属材料在应力作用下会进一步加速腐蚀。上述计算只是在理想状态下进行的，实际工程应用时要预留安全系数。

3. 使用水深

附件在深海中使用时，海水产生的压力载荷不可忽略。参照化工容器承受外压圆筒结构设计标准刚性圆筒来计算，区分短圆筒与刚性圆筒临界长度如下：

$$L'_\mathrm{cr} = \frac{1.3E\delta_\mathrm{e}}{\sigma_\mathrm{s}\,\sqrt{D/\delta_\mathrm{e}}} \tag{5-7}$$

式中　L'_cr——临界长度；

　　　　E——材料的弹性模量，单位为 MPa；

　　　　σ_s——螺纹材料的屈服极限，单位为 MPa；

　　　　D——耐压圆筒外径，单位为 mm；

　　　　δ_e——耐压圆筒壁厚，单位为 mm。

若 $L \leqslant L'_\mathrm{cr}$ 则为刚性圆筒，刚性圆筒临界压力 P_max 为

$$P_\mathrm{max} = \frac{2\delta_\mathrm{e}\sigma_\mathrm{s}}{D} \tag{5-8}$$

当圆筒外径最大、壁厚一定时，其使用水深 h 为

$$h = \frac{2\sigma_\mathrm{s}\delta_\mathrm{e}}{\rho g D} \tag{5-9}$$

式中　h——接头盒使用水深期望值，单位为 m；

　　　　D——耐压圆筒外径，单位为 mm；

　　　　ρ——海水密度，单位为 kg/m^3；

　　　　δ_e——耐压圆筒壁厚，单位为 mm；

　　　　σ_s——圆筒材料屈服极限，单位为 MPa；

　　　　g——重力加速度，单位为 m/s^2。

这里计算参数是在理想状态下，没有涉及材料的缺陷、加工的误差等，在设计时要有安全冗余。

5.1.3　附件密封设计

在海洋水下环境中使用的设备仪器具备水密功能是基本要求。由于密封失效而引起事故造成的损失将难以估计。密封失效涉及因素较多，主要是产品零部件机械加工件尺寸偏差或表面缺陷，多个零部件组装后，连接处存在有间隙。其次密封处两侧有压差存在，被密封介质就会通过间隙而泄漏。密封的作用就是将接合面的间隙密封住，阻断或隔离被密封物体泄漏通道，增加泄漏通道中的阻力，或在通道中加载做功元件，对泄漏物造成压力，与引起泄漏的压差部分抵消或完全平衡，以阻止泄漏。

根据密封结构不同，分为橡胶件挤压密封、热缩成型密封、填充密封及注塑硫化密封等形式。

1. 橡胶件密封技术

橡胶件挤压密封是依靠橡胶件柔性变形来消除耦合面的间隙从而实现密封的。橡胶件是对两个方向起密封作用的元件，其径向或轴向预压缩赋予橡胶件自身的初始密封能力，与密封表面接触应力随工作介质压力不同而变化，随工作介质压力增加，密封件变形增大，密封效果更好，当工作介质压力降到"零"时，密封件变形恢复到安装的原始压缩状态。工作介质压力越大，选用橡胶密封件的强度和硬度就要越高。橡胶密封件预压力具体如图5-4所示。

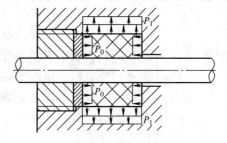

图5-4　橡胶密封件预压力示意图

橡胶密封件回弹性好、永久变形小、使用工作温度范围宽、耐腐蚀性能强，与金属材料密封表面结合且不附着，使用过程中不易产生泄漏。附件工作在海水环境中，温度恒定，橡胶不易老化。外部被密封介质施加在橡胶件上的压力 P_1 与安装初始状态的预压力 P_0 叠加后，对橡胶件总的作用力为 P_{max}，则有

$$P_{max} = P_0 + P_1 \geqslant P_1 \tag{5-10}$$

式中　P_0——预紧压力，单位为 N；

　　　P_1——被密封介质压力，单位为 N。

由于初始预压力 P_0 作用，橡胶密封件总压力随外压 P_1 增大，P_{max} 恒大于 P_1，保证了无泄漏。在弹性限度内，橡胶密封件的初始压缩量不宜过大。

橡胶密封件若使用不当则会加速它的损坏，材料永久变形或密封件被挤入密封间隙内而引起塑性变形都会丧失密封作用，如图5-5所示。首先，橡胶密封件

压缩率应适当，橡胶密封件是弹性材料，在压缩状态下会产生压缩应力松弛现象，压缩应力随着时间而逐渐减小。压缩时间越长或压缩率越大，由橡胶应力松弛而产生的应力下降就越大，弹性不足，从而失去密封能力。其次，工作温度是影响密封件永久变形的另一个重要因素。高温会加速橡胶材料老化，工作温度越高，压缩永久形变就越大，当永久变形到极限后，材料因弹性力学性能下降失去了密封能力而发生泄漏。低温下工作的橡胶密封件，其初始压缩量可能由于温度急剧降低而减小或完全消失，在初始压缩量设计时，必须保证橡胶密封件在张弛过程和工作温度变化而造成应力下降后仍有足够的密封能力。

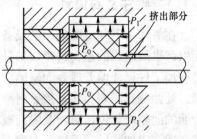

图 5-5　橡胶密封件被挤进间隙示意图

在各类设备密封结构中 O 型密封圈结构为最常见，由于其密封性好、寿命长、结构紧凑及成本低等因素得到了广泛应用。O 型圈截面直径的压缩率、拉伸率、接触宽度是衡量 O 型圈密封性能和寿命的三大重要参数指标，分别用 η、a、b 表示，公式如下：

$$\eta = (d_0 - h)/d_0 \tag{5-11}$$
$$a = (d + d_0)/(d_1 + d_0) \tag{5-12}$$
$$b = [1/(1 - \eta) - 0.6\eta]\, d_0 \tag{5-13}$$

式中　d_0——O 型圈自由状态下截面直径，单位为 mm；

　　　d——被密封轴直径，单位为 mm；

　　　d_1——O 型圈内径，单位为 mm；

　　　h——O 型圈槽深度，单位为 mm；

　　　η——O 型圈压缩率；

　　　a——O 型圈拉伸率；

　　　b——O 型圈接触宽度，单位为 mm。

在深海环境下使用的附件中，不仅需要提高密封端面加工精度，同时在 O 型圈两侧加载密封垫结构，可有效减少 O 型圈被挤入空隙中而破坏，密封垫结构示意图如图 5-6 所示。

2. 热缩成型密封技术

热缩成型密封技术是利用高聚物形状记忆工作特性，加热收缩使其包覆在物体外表面，贴合在被密封物体的外层

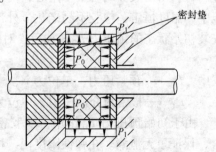

图 5-6　带有垫橡胶密封示意图

形成保护结构，同时为收缩体内表面涂覆的密封胶体提供初始预紧力，阻断被密封介质渗漏的路径，实现密封作用。

热缩材料也称为高聚物记忆性材料，主要材质为聚烯烃，其在高能电子束或γ射线的辐射作用下，导致分子结构发生变化，由片状线性结构转化为三维网状结构，之间有较强的相互作用力，成为不溶、不熔的新材料，并具备"形状记忆"新特性。经交联后高分子材料加热到结晶熔点以上时，就会处于橡胶状态，成为弹性体，通过拉伸或变形成所需求形状后且维持其状态不变，冷却至结晶温度以下即定型为所需的规定形状。热塑管加热收缩定型状态如图 5-7 所示。外层材料具有绝缘防腐蚀、耐磨、内层密封性能高等优点。

图 5-7　热缩管示意图

3. 胶体填充密封技术

胶体填充密封是利用胶体附着在被密封件表面，通过阻止被密封介质泄漏通道实现密封作用的。对填充胶要求较高，胶体在整个工作温度区段内抗剪切性较好，在一定压力作用下可填满缝隙，附着在被密封物体外表面，从而阻断密封介质泄漏通道。填充胶体具有一定流动性，同时黏度系数适中，不会由于剪切力作用使分子断键而降低其黏度。在整个工作温度范围内，耐高低温性能优越，高温时不流淌，即黏度不降低，在低温时不凝固，能与被密封物体外表面充分接触，不溶于被密封介质，绝缘耐压高，化学性质稳定。

从填充胶体组成上分为矿物油膏、合成油膏等，其优点是在工作温度范围内无相变或结构变化，在低温时保持柔软性，且在温度升高时没有滴流现象，高温时不熔（溶），不发生泡涨、有良好兼容性；无毒性、不易燃，是一种半流体、兼有固体和液体双重性质，化学稳定性较好，与其接触的金属材料不会因产生溶胀或腐蚀而导致性能降低。

4. 注塑硫化密封技术

注塑硫化密封技术在深海使用附件中较为常见。专用注塑模制工艺设备由基座、模具、加热、电动注塑、冷却、温控等几个部分组成。基座主要为注塑机和模具提供安装连接工作平台，基座滑轮可方便设备搬运转移；模具为注塑体提供工作型腔；加热部分主要对注塑材料进行加热，使之达到使用条件要求；电动注塑将熔融的注塑材料挤出模具中；冷却部分对注塑到模具型腔中的材料进行快速降温，缩短冷却时间；温控部分是电气控制部分，控制注塑材料加热温度。由国内设计研发的专用于附件的注塑硫化设备如图 5-8 所示，具有体积小、容量大、连续挤出等特点。

图 5-8　专用微型注塑机

专用注塑成型按照合模预热、挤出填充、冷却及脱模修边等工序完成。合模预热阶段主要完成注塑设备、模具的连接调整，根据注塑材料不同的熔点需设定不同的加热温度，以及冷却部分的连接准备和起动加热。挤出填充是将熔融的注塑材料挤入模具之中，连续挤入直至材料填充整个模具的型腔，填满整个模具的型腔后，继续保持挤出状态，增加塑料密度，以补偿塑料收缩。型腔中的材料被填满后，起动水循环装置，对整个模具进行冷却降温，冷却成型周期较长。脱模修边是最后工序，此时产品已经固化成型，采用螺杆顶出脱模方式，以保证产品质量；离开模具注塑产品要进行修边处理，保证产品外观整洁。

5.1.4　光电接续与保护

在光电复合海缆系统中除了光纤外，还具备电力输送功能，在附件中，光纤、电导线必须要一起接续和保护，同时对余长光纤与导线进行固定与贮存。

1. 光纤接续与保护

光纤接续可分为固定接续与快速接续两大类，固定接续依据海缆中光单元结构不同分为单纤熔接保护与带纤熔接保护；快速接续可分为接续子接续及法兰活动连接等形式。在现阶段，附件中使用光纤固定接续较多。

光纤熔接是固定接续，接头损耗小、可靠性高，是长距离光纤通信系统中光纤连接的首选模式，分为光纤熔接端面制备、套管、剥纤、清洗、切割、清洁、熔接及保护等工序。在整个工序中，操作人员需耐心细致、操作规范，熔接点损耗大小会直接影响传输质量和可靠性。光纤熔接前要对熔接设备仪器进行设置与检查，注意光纤类型、放电时间及光纤送入量等参数设置。熔接完成后要用光时域反射仪测试接头损耗。光纤熔接示意图如图 5-9 所示。

带状光纤接续与单芯光纤接续方式类似。

光纤接续子接续也称为冷接续或机械接续，插入损耗较小，最小可达到 0.1dB。利用高精度 V 形槽完成光纤端面对准，适用于系统对光纤连接损耗要求

图 5-9 光纤熔接示意图

不高的部位。光纤接续子由光纤端面对准啮合部件、夹持装置与光纤端面匹配材料等部分组成，如图 5-10 所示。在接续时无需加热，被接光纤自动对准连接，操作方便可靠。依据被对接两根光纤的端面形式分为平面对平面、球面对平面、球面对球面、斜面对斜面等对接模式，可在两根光纤端面之间空隙中通过加入匹配液来减少接续损耗。斜面结构与平面结构回波损耗性能优异，但是平面结构制作方便，利于现场制作，而球面结构介于两者之间。

法兰活动连接用于经常拆卸的接续中，也称为活动接头，在一些端机设备中使用较多，单芯光纤连接典型值不超过 0.5dB，在附件中使用较少。

图 5-10 机械接续子外形图

光纤熔接接头保护方式有两类，通常用光纤热缩管方式，也可用光纤涂覆机在现场以涂覆方式完成接头处保护。光纤连接用热缩管也称为光纤接合保护热缩管，由透明热缩管、热熔管及不锈钢针等组成。透明外层便于操作者观察和检测光纤接合部位是否安全可靠，收缩后可保持光纤的光传输特性，对光纤接合处提供强度和防护，光纤热缩管结构如图5-11所示。利用光纤涂覆机保护接头处是近几年较为流行方式，接头处涂覆后直径与原光

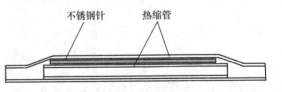

图 5-11 光纤热缩管结构示意图

纤直径差别不大，有效节约贮纤空间，特别在一些空间受限区域是必不可少的手段。

带状光纤保护可以使用带状光纤热缩管来保护，也可以涂覆保护，与单芯光纤相同。

余长光纤可利用贮纤盘进行收纳贮存，盘放余长光纤要求布局合理、附加损耗小、经得起时间与恶劣环境的考验。贮纤盘结构可避免因挤压造成的断纤现象，盘放顺序为先中间后两边，即先将热缩后的热缩管逐个放置于固定槽中，然

后再处理两侧余纤，有利于保护光纤接点，避免操作过程中造成损伤，贮纤情况如图 5-12 所示。

图 5-12　采用贮纤盘的光纤贮存结构示意图

带状光纤的盘纤贮存与上述方式基本一致。

2. 电导线接续与保护

在光电复合海缆系统的附件中，除了光纤接续外还涉及电导线连接，分为电导体连接与绝缘层恢复。电导体连接的质量直接影响供电线路能否长期可靠安全运行，要求电导体连接牢固可靠、接头电阻小、机械强度高、电气绝缘性能好。

附件中电导体连接方法有冷压连接或焊接等。冷压连接是指用铜或铝套管套在被连接的电导体上，再用压接钳或压接模具压紧套管使电导体保持连接。冷压连接前要清除电导体表面与压接套管内壁上的氧化层和黏污物，以确保接触良好。将需要连接的两根电导体分别从左右两端向套管中插入相等长度，以保持两根电导体连接点位于套管内中间部位，如果套管空间足够，也可将两端电导体叠加在一起，然后用压接钳或压接模具压紧套管，一般情况下只要在每端一个有压坑即可满足接触电阻要求，对机械强度有要求的场合，可在每端压两个坑，对于较粗的电导体或机械强度要求较高的场合，可适当增加压坑的数量。电导体线压接连接如图 5-13 所示。

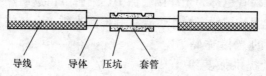

导线　　　导体　压坑　　套管

图 5-13　电导体压接连接示意图

焊接是指将焊锡等焊料或导线本身熔化融合而使导线连接。焊接种类有锡焊、电阻焊、电弧焊、气焊、钎焊等。

完成电导体连接后须恢复导线的绝缘性能，如图 5-14 所示，对所有被去除绝缘层部位进行绝缘处理，恢复后的绝缘强度应不低于导线原有的绝缘强度。电导线连接处的绝缘处理通常采用绝缘胶带进行缠裹包扎或采用热缩套管保护。所有对电导线连接的处理必须按照电力导线连接相关标准执行。

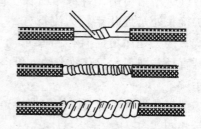

图 5-14　电导线绝缘层恢复示意图

5.2 海缆接头盒

由于海缆制造及敷设装备的限制，单根海缆制造段长是有限的，随着海缆制造技术快速发展，单根段长已达到或超过百千米量级，但在海缆通信系统中，海缆敷设长度往往大于单根海缆制造段长，所以需要使用海缆接头盒（简称接头盒）实现长距离"无损"连接，保证被连接海缆中的光纤信号传输、力学性能、电气性能、耐水压性能及环境适应性等实现有效延续。另外，由于海洋活动及海洋自然条件变化等影响因素，造成海缆损坏中断运营情况屡有发生，使得接头盒在应急抢修中发挥重要作用。

接头盒结构设计需要考虑以下因素：首先，指标需与被连接海缆性能指标相吻合，主要是机械、水密、光电、防腐及使用寿命等几个重要参数；其次，考虑与连接海缆结构、尺寸相匹配；再次，要考虑适应现有敷设技术条件及使用环境适应性等因素；最后，还应考虑能否快速安装、便捷施工。

5.2.1 接头盒的体系结构

接头盒主要由光纤、电导线连接、绝缘密封体系结构与拉伸结构等功能组成，接头盒功能示意图如图 5-15 所示。最内层是光纤、电导体收纳与贮存功能区，也是通信系统的核心区域，其余的是辅助功能区，为系统光通信链路提供可靠保护结构，抵抗外界水压、冲击与拉力载荷对内部光链路的损伤。

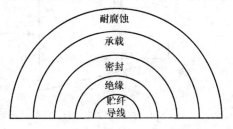

图 5-15 接头盒功能区示意图

接头盒主要结构设计方面涵盖了机械、电气、光通信及材料等交叉学科知识，技术集成度高。力学性能主要体现在海缆铠装连接方面，利用楔形自锁原理设计而成，可靠性高。接头盒水密采用热缩成型、成型件密封与填充凝胶等多种密封技术的组合，解决不同结构之间的密封设计，各自独立，又相互联系支撑，形成多重密封层次。接头盒电气绝缘隔离技术是在接头盒内芯体上包覆一层绝缘隔离层，使得内外层之间在电气上形成物理隔离，互不关联，在高电压情况下满足绝缘要求。容纤技术采用贮纤盘方式，收纳尾纤、安装相关器件模块及光纤接头保护固定等。柔性过渡部件安装在接头盒刚性结构件与海缆连接处，以缩短接头盒的刚性长度，减少在施工布放过程中受到弯曲应力冲击，破坏海缆。耐腐蚀技术主要针对裸露在海水中的金属零部件，需采用耐海水腐蚀材料制造；同时隔断接头盒内外金属件之间的关联，减少由于接头盒本身金属材料之间形成的原电池效应，提升防腐蚀性能。

5.2.2 铠装钢丝夹持结构设计

铠装钢丝是海缆的主要拉伸元件，在海缆受到外力载荷作用时，保护内部光纤不受损伤。由于海缆拉伸负荷不同，铠装钢丝的直径、弹性模量、根数及铠装层数各异。铠装钢丝连接是附件力学性能设计的重点。

1. 楔形结构工作原理

楔形结构是最基本的夹持装置形式之一，其他类型基本上是其变形，利用两楔形件之间的静摩擦力来约束被夹持件，在自锁同时具有力的放大作用且改变夹持作用力方向，具备夹持行程小等优点[1]，楔形结构受力分析如图 5-16 所示。

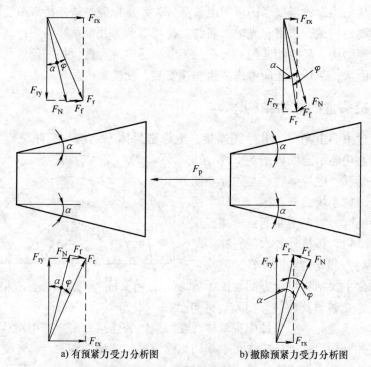

a) 有预紧力受力分析图   b) 撤除预紧力受力分析图

图 5-16 斜楔形的受力分析

图 5-16a 所示为斜楔在外力 F_p 作用下的受力情况，建立静平衡方程式。

$$2F_{rx} = F_p \tag{5-14}$$

$$F_{ry} = F_{rx}\tan(\alpha + \varphi) \tag{5-15}$$

$$F_{ry} = \frac{F_p}{2\tan(\alpha + \varphi)} \tag{5-16}$$

式中　F_p——预紧的有效载荷，单位为 kN；

　　　　α——斜楔的角度，单位为°；

φ——斜楔的摩擦角，单位为°；

F_{ry}——斜楔件对夹持件的夹持力，单位为 kN。

根据受力分析，楔形结构将预紧力 F_p 放大，有效提升了锁紧能力。当楔形结构件的预紧作用力 F_p 撤除后，此时摩擦力方向与楔形结构件退出方向相反，如图 5-16b 所示。根据摩擦自锁原理，如果楔形件材料摩擦因数为 μ，则楔形结构件的角度应不大于 $\arctan\mu$。

2. 铠装钢丝锁紧结构

按照楔形件结构要求，国内设计的铠装钢丝锁紧结构示意图如图 5-17 所示。利用楔形结构内外锥体将铠装钢丝锁紧，满足使用需求。

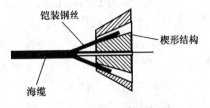

图 5-17 铠装钢丝锁紧结构示意图

5.2.3 密封结构

接头盒密封结构属于静密封范畴，在海缆与接头盒接合处采用挤压橡胶成型件与热缩等组合密封方式，满足刚性与柔性的自然过渡。接头盒内层金属机械构件本身之间利用 O 型圈密封结构；在内外层部件之间利用热缩成型密封技术，保证内外层绝缘隔离。深海使用的接头盒采用注塑密封技术，将接头盒内芯体表面包覆一层密封材料，两端与海缆外护层充分融合，从而使接头盒具备与光缆本身相同的绝缘、耐电压及密封等性能。根据结构特点，被覆面的表面积较大，要求注塑设备有连续挤出能力，可覆盖整个接头盒内芯体。接头盒内芯体注塑后的外形如图 5-18 所示。

图 5-18 接头盒内芯体注塑成形图

5.2.4 贮纤

在一些海缆通信系统中，需要对光信号进行合束与波分，在接头盒加载了光分路器、合路器、波分复用器等无源器件，在接续时不仅对光纤接头要贮存保护，还要对器件模块进行安装固定；既要贮存余长光纤与导线，又要保证光纤免受挤压造成损伤，在设计时要预留足够空间。模块安装示意图如图 5-19 所示。

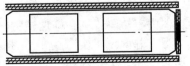

图 5-19 模块安装示意图

在光纤芯数较少的接头盒中，光纤接头保护可采用缠纤筒式结构，在空间结构上较为简单，就是在一个圆筒外表面设计有安放光纤热缩管的沟槽，以代替贮纤盘结构，其结构示意图如图 5-20 所示。

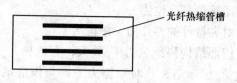

图 5-20　缠纤筒式光纤贮存结构示意图

余长光纤贮存过程中，利用光纤时域反射仪（OTDR）对其中任选的一根光纤进行在线监测，确保光纤的熔接质量，减小因盘纤带来的附加损耗与误操作可能对光纤造成的损伤。在整个接续工作中，必须严格执行光时域反射仪的四道监测程序，即熔接过程中对每一芯光纤进行实时跟踪监测；检查每一个熔接点质量；每次对光纤操作都要进行测试与检测，以消除盘纤带来附加损耗；封接续盒前对所有光纤进行统一检查，防止漏检。

5.2.5　电气隔离技术

接头盒电气隔离涉及绝缘电阻与介质耐电压两个指标。

接头盒具有内外层结构，内层结构是内铠钢丝夹持与贮纤部分，外层主要是外铠装钢丝夹持。接头盒绝缘电阻是指内层与外壳体之间的绝缘电阻。在接头盒内芯体外包裹一个不导电的固体绝缘体材料，保证了内外之间绝缘隔离。影响绝缘电阻的主要因素是绝缘层内部存在缺陷，也就是在一定电压下易产生放电现象，绝缘材料本身有细微开裂、微观多孔及杂质空穴等，形成细小通道，在海水侵入作用下，绝缘强度会下降；被隔离的物体中有毛刺，破坏绝缘层使绝缘内的电场集中，绝缘强度也会下降；水汽侵入绝缘体，绝缘电阻和击穿电压都会下降。在接头盒施工过程中，应尽量减少对绝缘材料产生应力作用，消除密封体的尖端毛刺，避免水汽渗入绝缘材料中，保证绝缘结构完整性。

介质耐压又称抗电强度，它在接头盒内芯体与外壳体之间，在规定时间内施加规定的电压，观察能否耐受外界浪涌电压及其他类似现象所导致的过电压能力，从而评估接头盒绝缘材料或绝缘间隙是否适应海底环境特定使用需求。如果绝缘体内有缺陷，则在施加试验电压后，必然会产生击穿放电或损坏。主要受绝缘材料、湿度、气压、厚度、爬电距离和耐压持续时间等因素影响，绝缘电阻与介质耐压两者不能替代。

如果接头盒内芯体由非金属材料制成，本身的绝缘强度满足使用需求，则仅需考虑密封结构，无需考虑电气绝缘要求。内芯体的金属材料全部被绝缘包覆，内外层完全隔离开，具体如图 5-21 所示。当采用全包裹密封结构时，将电气隔离与密封整体考虑，密封材料的选择与厚度较为关键。在考虑到接头盒内芯体包覆聚合物材料时，有急剧转角的地方不可能完全呈流线型，应防止尖端放电现象，材料中间可能存在小气泡瑕疵，所以隔离材料应有一定的厚度[4]。在注塑模具设计时对注塑的厚度综合考虑，不仅满足绝缘电阻要求，同时要考虑接头盒外径大小，壁厚增大时接头盒外径相应增大，加大了施工布放难度。

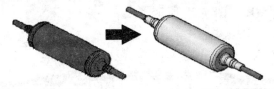

图 5-21　绝缘层示意图

5.2.6　弯曲过渡结构设计

海缆布放施工必须经过布缆船的鼓轮，海缆经过鼓轮情况如图 5-22 所示。

连接海缆的接头盒经过鼓轮时，由于外界载荷作用，会在两者的接合处形成应力集中点，具体如图 5-23 所示，易导致海缆硬性折弯，损伤内部光纤，增加传输损耗。

图 5-22　海缆经过鼓轮示意图

为防止接合处的弯曲应力，在接头盒两端增加弯曲限制器过渡，减少布放与回收海缆时光纤受到的影响，同时便于布缆船施工作业。弯曲限制器锥度设计时应考虑接头盒外径与连接的海缆外径相匹配，与接头盒刚性件之间的过渡应尽量减少大的起伏，以减少施工布放时阻力。接头盒限制器经过鼓轮时的弯曲情况如图 5-24 所示。

图 5-23　接头盒入水前海缆弯曲状态图

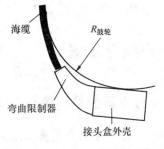

图 5-24　鼓轮与接头盒限制器弯曲示意图

接头盒弯曲限制器为橡胶制品，除了选择耐海水腐蚀橡胶外，由于接头盒特殊的使用环境，在设计时首先应考虑橡胶抗撕裂能力，防止橡胶中的裂纹或裂口受力时迅速扩大开裂而破坏，从而丧失保护作用。其次考虑橡胶材料的耐磨耗性能，主要抵抗尖锐的礁石等粗糙物切割、摩擦能力，在摩擦面反复受周期性的压

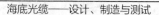

缩、剪切、拉伸等变形作用，使用时间将缩短。再次是橡胶弹性与扯断伸长率，除去外力后能立即恢复原状的能力。最后是橡胶的耐海水腐蚀能力。随着硬度增大伸长率下降，回弹大、永久变形小。

接头盒结构示意图如图 5-25 所示。

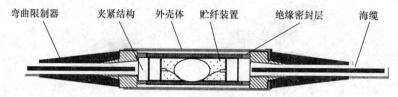

图 5-25　接头盒结构示意图

国内设计制造的某款接头盒实物图如图 5-26 所示。

图 5-26　接头盒实物图片

接头盒的主要技术指标如下：

1）光纤接续损耗：≤0.07dB；

2）直流耐电压：试验电压 15kV，时间 3min，不击穿；

3）断裂拉伸负荷：≥90%（被连接海缆断裂拉伸负荷）；

4）使用寿命：25 年。

5.3　海缆分支器

5.3.1　分支器的结构体系

海缆分支器（以下简称分支器）用于三段或者多段海缆的光纤链路接续，能灵活登陆多个岸基站点，可进行海底设备和端站设备切换管理，属于接头盒系列产品。最典型的分支结构形式有：基本型为"一分二"模式，即其中一根海缆作为输入端，另外两根作为输出端；也可将两根作为输入端，另一根作为输出端，称为"二合一"模式；常用的有"两进两出"结构，就是其中两根作为输入，另两根作为输出；在一些特定海缆组网系统中采用"一分多"或"多合一"模式，一根海缆作为输入端，另外三根或者多根作为输出端；也可反向使用。这里输入输出是泛指，将离岸基主站远近作为参考，不是真正信息的流向。这里的光纤是一一对应关系，是将输入输出光纤直接熔接接续。

分支器为海缆通信系统提供完整的通信链路，实现三段或多段海缆的光、机、电信号"无缝"连接。在结构设计中可满足现有布缆船上作业设备的敷设和打捞要求。如果系统中没有供电功能，则分支器内部只要光纤分开各自熔接接续，保证光链路的畅通即可。也有系统将多路光信号合并上传，在分支器中以加载合路器、波分复用器等方式，实现三个海缆段之间光路链接。图 5-27 所示为"一分二"、"二合一"模式分支器内部光路输入输出示意图。

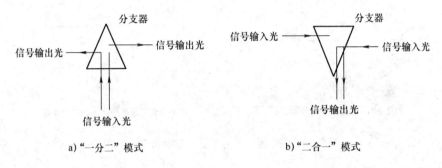

a)"一分二"模式   b)"二合一"模式

图 5-27 分支器内部光路输入输出示意图

在海底观测系统中，信号非常多，需要在光纤传输链路加载波分复用器或解复用器对输入输出光纤信号进行合波与分波，以满足系统传输的需求，在分支器中必须加载相对应的模块，从而保证光信号能够传输到终端处理机，结构示意图如图5-28所示。

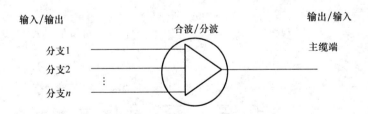

图 5-28 多路信号传输合波/分波结构示意图

如果海缆通信系统中有电力传输，则在分支器内部将光纤与电导线分开连接、贮存，实现三个海缆段的互联互通，并为三个海缆段提供光纤链路和供电回路。在岸基端通过分支器中内部切换装置实现主干站与分支站的业务往来，也可实现分支站之间的业务往来。在实际工程应用中，在分支器内部电源切换情况下，三个分支导通情况示意图如图 5-29 所示。

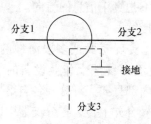

a)分支1、2通路，分支3接地

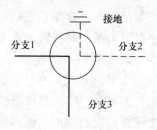

b)分支1、3通路，分支2接地

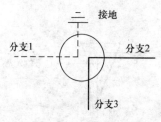

c)分支2、3通路，分支1接地

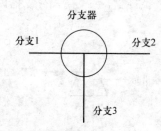

d)分支器断电情况下，三个通路

图 5-29　在电源切换时三端口导通情况示意图

5.3.2　分支器的结构

1. 设计依据

分支器的设计依据有分支数量、连接光纤导线芯数、内部加载模块数量及尺寸、被连接海底光缆结构、拉伸负荷、铠装层数、各自电性能指标、适用水深及使用寿命等技术参数。分支器制造材料、绝缘密封、耐电压设计应与接头盒设计一致，采用类似设计依据。

2. 结构设计

分支器结构由主缆端、分支缆端、内芯体、外壳体与拉伸结构等组成，结构示意图如图 5-30 所示。

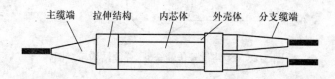

图 5-30　分支器结构示意图

分支器主缆端含有弯曲限制器、铠装钢丝锁紧及密封等结构。分支端由两个分支组成，每一个分支与主缆端结构类似。

分支器内芯体提供内铠钢丝夹持结构与光纤贮存空间。光纤贮存包含接续接头保护及光纤余长盘放，采用标准储纤盘及适配夹形式，也可采用直接在金属零件整体加工形成贮纤结构方式，储纤盘对空间要求较大，应确保装配时高温对光纤接头及光纤的影响要小；而后者结构上较为紧凑。

由国内设计制造的"一分二"与"一分十"分支器如图5-31所示。"一分二"分支器优点是在分支端有一个活动连接，有效减少了分支器的刚性长度，能够贴合布放设备鼓轮的表面，减少缆的弯曲应力集中。"一分十"分支器的分支端采用整体硫化密封设计，水密满足要求的同时保证自然柔性过渡。

图5-31 "一分二"与"一分十"分支器外形图

海缆分支器主要技术指标如下：

1）分支形式：一分二；

2）光纤接续损耗：≤0.07dB；

3）直流耐电压：试验电压15kV，时间3min，不击穿；

4）断裂拉伸负荷：≥90%（被连接海缆断裂拉伸负荷）；

5）使用寿命：25年。

5.4 海缆中继器

在光纤通信系统中，传输波长固定后，光纤传输损耗是稳定的，使用的发射机功率与接收机的灵敏度也不可能无限制提高，实现光信号长距离传输必须在系统中加载中继模块才能满足。海缆中继器（简称为中继器）的作用是将光纤传输链路中的恶化信号进行放大整形后重新输出，采用有源方式补偿光脉冲信号长距离传输后的衰减或色散，同时具有耐水压密封功能，中继器的工作电源采用岸基供电方式。

光脉冲信号从光发射机输出并经光纤传输若干距离以后，由于光纤链路损耗和色散影响，光脉冲信号的幅度下降或波形失真限制了其传输距离。提升光脉冲信号幅值或恢复失真的波形，就成了中继器基本功能，同时，光纤通信距离越长，所需中继器越多。

5.4.1 光纤链路传输损耗计算

光纤数字通信系统中，光纤传输链路损耗由光纤本身衰减及附加损耗等形成。光纤本身损耗主要是吸收损耗与散射损耗，附加损耗影响因素也较多，有光纤弯曲或微弯产生的损耗，光纤受外力产生的损耗，光纤接头熔接损耗，光纤连接器损耗及光反射产生的损耗等，按照 ITU – TG.956 所建议的极限值设计法，将所有影响光纤链路的损耗统一考虑计算。

光纤数字无中继、中继传输链路示意图如图 5-32 和图 5-33 所示，其中 X_{in}、X_{out} 为一对端机的信号输入与输出，C_T、C_R、C_{T1}、C_{R1} 为光纤连接器，T_x、R_x 为一对发射与接收机。

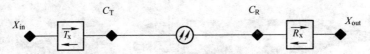

图 5-32　数字传输链路无中继框图

图 5-33　数字传输链路有中继框图

在传输速率不高的光纤数字通信系统中，光信号传输距离的长短主要受光纤链路传输损耗的制约。这就要求 C_T、C_R 两点之间的光纤链路总损耗不大于系统传输过程中的功率衰减，才能保证系统稳定工作。假设一对发射与接收机之间用于传输链路衰减的总功率为 P，则有

$$P = P_T - P_R - P_E \tag{5-17}$$

式中　P——系统中用于传输链路中衰减的总功率，单位为 dB；

　　　P_T——系统中发射机输出的平均光功率，单位为 dBm；

　　　P_R——系统中接收机的接收灵敏度，单位为 dBm；

　　　P_E——系统中设计冗余度，单位为 dB。

一对发射与接收机之间光纤传输线路的总损耗为 α，其中含链路传输光纤损耗，所有接头、连接器损耗及其他损耗，则有

$$\alpha = m\alpha_c + n\alpha_s + q\alpha_f + \alpha_e \tag{5-18}$$

式中　α——系统中一对发射与接收端机之间光纤传输线路总损耗，单位为 dB；

　　　α_c——系统中光纤连接器平均损耗，单位为 dB；

　　　m——系统中光纤连接器数量，单位为个；

　　　α_s——系统中光纤接头平均损耗，单位为 dB；

　　　n——系统中光纤接头数量，单位为个；

　　　α_f——系统中每 km 光纤平均损耗，单位为 dB；

　　　q——系统中光纤长度，单位为 km；

　　　α_e——系统中其他损耗，单位为 dB。

发射机输出功率与接收机接收灵敏度直接决定了系统传输距离，系统设计冗余大小与环境变化而引起的发射光功率和接收灵敏度波动相匹配，同时要考虑到长时间运行相关器件劣化而引起的附加衰减，冗余大小一般在几 dB 左右。

链路可用损耗 P 与线路损耗 α 的大小决定了系统的中继情况。$P \geqslant \alpha$ 表明系统可用于传输链路的总功率大于传输线路总损耗，系统无需中继；$P \leqslant \alpha$ 表明系统可用于传输线路的损耗小于传输线路总损耗，系统需要中继。

5.4.2　光纤传输链路色散

光纤数字传输系统中光脉冲信号含有不同频率成分或不同模式成分，即使是窄带，也不可能是单色的，总有一定带宽，输出时群速度不同，经光纤介质传输一段距离后，会相互离散，光脉冲信号出现了展宽现象，称之为色散。接收机接收到展宽的光脉冲信号后，误码率就有可能会增加，影响系统性能。在高速光纤传输系统中，色散比光纤衰减影响更大，所以在高速长距离传输系统中，必须要对系统色散进行处理。窄带光信号传输展宽示意图如图 5-34 所示。

图 5-34　窄带光信号传输展宽示意图

光纤链路中的色散主要分为材料色散 D_m、波导色散 D_λ、模式色散 D_n 和偏振模色散 D_β 等。长距离单模光纤通信系统中主要是材料色散和波导色散，都是由光脉冲信号频率差异引起的脉冲展宽，也称为频率色散，或称为模内色散，计算见式（5-19）。色散与发射光源谱宽密切相关，光源谱宽越窄，色散越小，光源谱宽越宽，传输信息量越大。

$$D = D_m + D_\lambda \tag{5-19}$$

式中　D——光纤链路中总色散，单位为 $ps/(nm \cdot km)$；

D_m——光纤链路中材料色散，单位为 $ps/(nm \cdot km)$；

D_λ——光纤链路中波导色散，单位为 $ps/(nm \cdot km)$。

5.4.3　发射功率与光接收机灵敏度

在光纤通信系统中，光源发射功率与光接收机接收灵敏度对通信系统的距离长短有直接影响。发射功率越大，在同等传输条件下，传输距离越远；在发射波长、功率一定的情况下，接收机的灵敏度越高，光传输距离就越长。

光接收机灵敏度采用接收平均光功率来表示，在满足系统误码率要求下，接收到的平均光功率越低，其性能越好。

$$Y = 10\lg \frac{P_{\min}}{10^{-3}} \tag{5-20}$$

式中 Y——最低接收平均光功率，单位为 dBm；

$P_{\min}$——光接收机接受最小绝对光功率，单位为 mW；

10^{-3}——1mW 的光功率。

当工作环境温度变化时，光源发射功率及光纤传输损耗将产生波动，接收机接收到的光功率就会不同。发射功率与接收灵敏度是系统中继重要的参照指标。

5.4.4   中继模块架构

当光脉冲信号在光纤链路上传输时，长传输距离使得光脉冲信号劣化加剧，到一定程度后，接收光脉冲信号的误码率就超出了系统容许范围。为延长系统使用距离，必须在光纤链路中增加一些放大、整形的专用模块或设备，形成标准光脉冲信号后再续传，将这种模块或设备称为中继模块。

随着海缆通信技术的飞速发展，中继模块的技术从电再生中继逐渐向全光中继转换。

1. 电再生中继模块

光纤通信早期中继是电再生中继，为光电光模式（OEO），属于间接放大，是低速光纤传输系统最普遍使用的方式，原理框图如图 5-35 所示，将接收到的微弱光脉冲信号进行光电转换、放大、再定时、脉冲整形及电光转换输出。

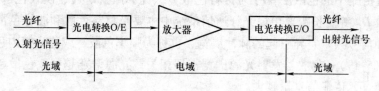

图 5-35   电中继器原理框图

按照中继功能进行分类，对信号只有放大均衡功能的称为 1R 再生中继；在 1R 的基础上增加整形功能，称之为 2R 再生中继；在 2R 基础上增加重新定时与判决功能，称为 3R 再生中继，电中继适用于传输速率中低速与单波长传输系统。电再生电路框图如图 5-36 所示。将用光电二极管接收到的光脉冲信号转换成电信号，经放大电路等实现信号放大整形，再驱动激光器输出光脉冲信号。中继模块实际上是光接收机与光发射机串接，基本功能是放大均衡，再生再定时，输出光脉冲消除了附加的噪声和波形畸变，即使多个中继模块串联，噪声和畸变也不会累积，实现长距离通信的目标。

在实际应用光纤通信系统中，光信号既有上行又有下行，最简的中继应至少有两组电再生单元，满足双向传输的需求。保证系统可靠运行，需要其运行状

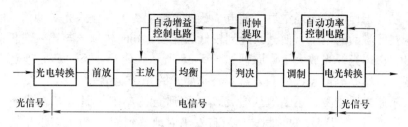

图5-36 电再生电路原理框图

态、器件运行参数设置、控制及辅助功能、电源转换须在终端处必须做到可控、可设、可测,框图如图5-37所示。

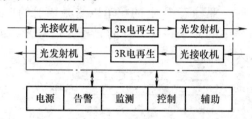

图5-37 上下行中继组成框图

电中继对适用于单个波长、低速率的通信系统,而高速率、多个波长系统显然是相当复杂的,每一个波长需要一个再生器,系统难度大。直接光放大技术的发展为传输数据速率高、多波长复合系统带来了新突破,一个光放大器对多个波长光信号同时直接放大,系统中继难度大大降低,光中继技术优点较为明显。

2. 光中继模块

光中继按功能分类与电再生中继一样,包括1R(只有放大)、2R(放大、整形)、3R再生器(放大、整形、定时)等模式,与电再生器不同的是光再生器的再放大、再定时、再整形都是在光域中实现的,无需进行光电光转换,不存在理论上的"电子瓶颈"。光中继的优点是直接利用光放大器对光脉冲信号进行放大,代替电中继的光电、电光转换,从而实现透明传输,奠定了高速大容量光通信系统应用基础。光放大器分为掺稀土元素的光纤放大器、光纤拉曼光放大器和半导体光放大器等类型。

(1)光放大器

1)掺铒光纤放大器(EDFA)。在光纤中掺杂铒、镨、铥等稀土离子后,将一定波长的泵浦光能量迁移到不同波长输出,稀土离子成为激活介质,这就是光纤放大器。掺铒光纤放大器的增益带较宽,在C波段(1530~1565nm)、L波段(1570~1620nm)、S波段(1480~1530nm)都具有高增益、低噪声的优点。掺铥光纤放大器的增益带是S波段;掺镨光纤放大器的增益带在1310nm附近。

掺铒光纤放大器对入射光信号放大是基于受激辐射机理来实现的。激活介质吸收了泵浦光提供的光能量后，使电子跃迁至高能级上，输入光脉冲信号的光子触发这些已激活的电子，使其跃迁到较低的能级，同时辐射出与输入波长一致的光信号，掺铒光纤光放大工作原理如图5-38所示。E_1是基态，E_2是亚稳态，为中间能级，E_3是高能态，为激发态。若泵浦光的光子能量等于$E_3 - E_1$，则铒离子吸收泵浦光后受激，不断地从能级E_1转移到能级E_3上。但是E_3激发态是不稳定的，在E_3上停留很短的时间，然后自发辐射地落到能级E_2上。由于铒离子在E_2上的寿命约为10ms，所以E_2上的铒离子不断积累；或泵浦光的光子能量等于$E_2 - E_1$，铒离子吸收泵浦光后，铒离子受激不断地从E_1转移到E_2上，同样E_2上的铒离子不断积累，使E_2与E_1之间形成粒子数反转，当波长1550 nm的光信号通过这段掺铒光纤时，亚稳态E_2上的粒子以受激辐射的形式跃迁到基态E_1，并产生出和入射光信号中的光子一模一样的光子，信号光中的光子数量大大增加，实现了信号光放大的功能。

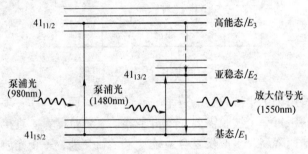

图5-38　掺铒光纤光放大工作原理图

掺铒光纤放大器的优点是工作波长在1550nm处，易耦合、频带宽，可实现双向放大。掺铒光纤放大器由泵浦源、波分复用器、光滤波器、光隔离器和掺铒光纤等组成，如图5-39所示。

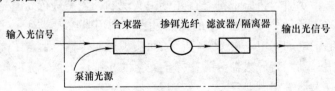

图5-39　光纤放大器结构示意图

掺Er^{3+}的石英光纤是放大器的主体部分，掺Er^{3+}浓度及在纤芯中的分布等对放大特性有很大影响。泵浦源是实现粒子数反转的助力源，可采用980nm和1480nm两种波长，泵浦效率高。系统包含有波分复用器将信号光与泵浦光的合波作用，也称光合波器。光滤波器用来消除自发辐射光产生的噪声，提高系统的信噪比（SNR）。光隔离器是一种单向光传输器件，用来隔离反射光的干扰。

2）光纤拉曼放大器（FRA）。EDFA 靠掺杂稀土元素对光进行放大，而光纤拉曼放大器是利用拉曼散射效应研发而成的，即大功率激光注入光纤后，会产生非线性效应拉曼散射，在不断发生的散射过程中进行能量转换，输出放大的光信号，是一个分布式的放大过程，工作带宽很宽，几乎不受限制。光纤拉曼放大器增益波长由泵浦光波长决定，理论上只要泵浦源的波长适当，就可以放大任意波长的光信号。

光纤拉曼放大器分为分立式放大与分布式放大两种，分立式需要专门的增益放大光纤进行增益放大，所用的光纤增益介质长度在 10km 以内，泵浦源光功率从几瓦到几十瓦不等，主要用于 EDFA 无法放大的波段。分布式使用传输光纤作为增益介质，作用距离长达几十至上百千米，泵浦只要几百毫瓦，与 EDFA 混合使用时放大效果更好。

光纤拉曼放大器将泵浦光的小部分转移到频率比它还低的斯托克斯波上，如果一个弱信号与一强泵浦光波同时在光纤中传输，并使弱信号波长置于泵浦光的拉曼增益带宽内，则弱信号光即可得到放大。设入射光的频率为 ν，介质分子的振动频率为 Ω，则斯托克斯散射光的频率为 $\omega = \nu - \Omega$，如图 5-40 所示；反斯托克斯散射光的频率为 $\omega_a = \nu + \Omega$，泵浦光与信号光频移约为 110nm，如图 5-41 所示；两散射光的频率分布图如图 5-42 所示。

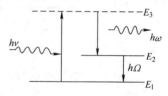

图 5-40　斯托克斯散射光
产生示意图

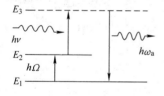

图 5-41　反斯托克斯散射光产生示意图

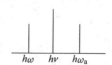

图 5-42　拉曼散射光频率分布示意图

按照泵浦光传播的方向来分，光纤拉曼放大器分为前向泵浦、后向泵浦和双向泵浦等多种。在前向泵浦结构中，泵浦光和信号光从同一端注入传输光纤，信号光和泵浦光的串扰较大，噪声性能较差；而后向泵浦可以抑制泵浦诱发的高频偏振和强度噪声，并能降低传输末端的泵浦光功率，有效降低噪声及由此引起的光纤非线性效应，实际应用中一般采用后向泵浦方式。由于拉曼增益对偏振敏感，泵浦光与信号光的偏振态不同会导致不同的增益，故泵浦光应该去偏振。

3）半导体光放大器（SOA）。半导体光放大器的机理与激光器的相同，即受激放大，半导体光放大器增益带宽比光纤放大器的带宽要宽。光放大器只是一个没有反馈的激光器，是当放大器被光或电泵浦时，使粒子数反转来获得光增益。半导体光放大器分为法布里－珀罗腔放大器（FPA）与行波放大器（TWA）。

法布里－珀罗腔放大器如图 5-43a 所示，放大器两侧由半导体晶体制成反射镜面，当光信号进入腔体后，在镜面间来回反射并放大发射出去。行波放大器与谐振腔反射率相关，反射率越大，放大器的增益越大，当反射率超过一定值后，光放大器将变为激光器。行波放大器在两个端面上有增透膜来降低端面反射系数，或者有适当的切面角度，所以不会发生内反射，入射光信号只要通过一次就会得到放大，如图 5-43b 所示。半导体光放大器一般是指行波光放大器。

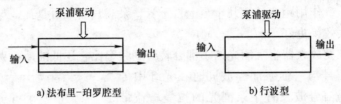

图 5-43　半导体光放大器工作示意图

（2）脉冲整形与再定时

利用光放大器直接对光脉冲信号的幅值进行提升，而其色散累积没有补偿，如超出系统容限，则需要对展宽的光脉冲进行整形后再输出。在光域直接进行补偿方法有色散补偿滤波器、色散补偿光纤（DCF）和啁啾光纤光栅色散补偿技术。

色散补偿滤波器技术是利用干涉技术进行色散补偿，缺点是插入损耗大、带宽较窄。色散光纤补偿技术利用有负色散系数的光纤，将总色散值控制在系统容限以内。

啁啾光纤光栅技术是在光纤上制成折射率非周期性变化的啁啾光栅，周期从大到小分布，光栅长度为 L，形成宽带滤波器，不同位置对应于不同的反射波长。当光脉冲信号通过这种啁啾光纤光栅时，不同波长光会在不同栅区反射，这样短波长就比长波长多走 $2L$ 距离，两波长之间产生时延差，从而补偿了由于群速度不同导致的色散，起到压缩光脉冲的作用。如果把多个不同周期的光纤光栅连接起来，则可实现对不同波长光脉冲信号进行色散补偿。光纤光栅进行色散补偿，具有体积小、损耗低、兼容性好等优点，便于系统使用和维护。光纤光栅色散补偿示意图如图 5-44 所示。

再定时由时钟恢复来实现，称为时钟恢复或时钟提取技术，是在连续随机码流中将时钟序列提取出来，是再定时与再整形的基础，也是全光中继技术中最难实现的模块，在探索研究阶段。国内外解决的方案有许多种，主要有光锁相环技术、光纤锁模激光器技术和半导体激光器自脉动技术等。在高速多个波分复用光纤通信系统中，由于各信道在传输中是不同步的，所以对复用 WDM 信道进行解复用，再分别对各个信道进行全光再生。由时钟恢复单元从传输的光脉冲信号中提取出无抖动的稳定的时钟信号，提取的时钟信号和原光信号一同进入光判决门单元，在光判决门单元，原光信号的调制波形复制到时钟信号上，从而输出了无损伤的原光脉冲信号。

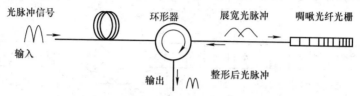

图 5-44 啁啾光纤光栅色散补偿整形示意图

（3）电源转换 在中继器内使用的各种模块工作电压通常是低电压，由于中继器远离岸基工作站，故岸基远供电源系统往往采用高压直流的方式进行输送。在中继器内将高压直接转换为低压，再将低压直流电能供中继器内部控制电路板、泵浦源及相关监控等模块使用。

中继器内部工作的各类模块可靠性是关键，对于有源工作的元器件要求更高，特别是系统泵浦源长期稳定可靠性显得更为突出，在设计时考虑"多对一"的方式，即预置多个泵浦源对一个放大器进行工作备份，若其中一个泵浦源出现异常，则输出光功率下降，控制电路就会自动提升另一个泵浦源的输出光功率，维持输出光功率不变，保证其使用寿命的要求。中继器工作电源、整形放大等采用模块化设计，相应模块都有冗余设计来备份，保证系统工作的可靠性。

国内研发的某型号海缆中继器外形图如图 5-45 所示。

图 5-45 海缆中继器外形图

主要技术指标如下：

1）放大的光纤对：6 对/8 对；

2）增益带宽：27nm；

3）使用寿命：25 年。

5.5 海缆柔性接头

海缆柔性接头（简称软接头）也称为海缆工厂接头，无需外加接头盒接续，将两段海缆中的光纤直接熔接，利用铠装钢丝之间的摩擦来提供抗机械载荷要求，这种接头与原海缆外径尺寸、弯曲半径及抗拉强度等参数基本一致，其性能与刚性接头盒相同，根据需求长度对多段海缆进行连接，解决了海缆生产段长受限的难题。柔性接头与被连接的海缆缠绕到缆盘或贮存于缆池内，在施工布放时可直接通过敷设设备，几乎不发生阻碍，特别适用于在工厂或装船现场时使用，是海缆接续的一个新的方向。软接头是将多根海缆连成一根，实现之间"无"接头，采用软接头的海缆布放快捷方便，减少施工敷设时间，降低施工难度。软接头的技术主要分光纤高强度熔接、铠装钢丝柔性连接、外护套电绝缘及防水耐压密封等技术。海缆柔性接头工序流程如图5-46所示。

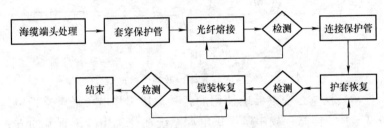

图5-46　海缆柔性接头工序流程图

5.5.1　光纤高强度熔接

光纤单元高强度接续是软接头接续最基础的部分，光纤熔接损耗的大小会直接影响系统的状态，由于被连接光纤数量较多，且要求空间直径较小，没有贮纤的空间，因此被熔接光纤长度一致性是关键，同时要保证熔接点损耗大小，这也是操作的难点。一般情况下，利用高强度光纤熔接机进行短长度光纤熔接，最短熔接长度只有几毫米，配合高强度光纤熔接处理工具，可以保证光纤高强度熔接，提升光纤熔接点的抗拉强度，适用于对熔接质量有较高要求的应用领域。

高强度熔接与专用热剥除钳、切割刀、超声波清洗器等工具配合使用，能够提升光纤熔接接头质量。高强度专用热剥除采用加热涂覆层剥除方法，设备上没有锋利的刀口，能够有效避免对裸光纤表面造成损伤。高强度切割刀的刀片滑过光纤后会自动将光纤拉断，在确保光纤端面平整度的同时，可实现光纤短长度的切割。利用超声波清洗器对光纤表面进行清洗，能够避免传统清洁方法中无棉纸对光纤表面的磨损和划伤，从工艺上保证光纤高强度熔接可靠性。

光纤涂覆是在裸露光纤包层上重新涂覆紫外硬化树脂，从而有效保护光纤熔接点，如图5-47所示。同热缩套管保护方式相比，与无接头光纤相一致，在光纤接头贮存或余长光纤盘放时，可以节约空间。光纤涂覆机配合熔接机使用，能够迅速、便捷地对熔接点进行保护，增加熔接点的机械强度，具备在线张力测试。

图5-47　高强度与光纤涂覆机

5.5.2　不锈钢管连接

光纤不锈钢管连接技术是将两段不锈钢管直接刚性连接，同时具有原来的不锈钢管性能。海缆中的不锈钢管采用激光焊接多次拉拔而成，具有高强度、抗侧压、防水密封性能优异等特点，但是本身直径小、管壁薄、难接续。在软接头中两段不锈钢管的连接采用外套不锈钢方式，利用工装固定对光纤余长的控制，对外连接用不锈钢管与海缆中的不锈钢管采用压接或者焊接方式，解决薄壁不锈钢管的接续，保证抗侧压、水密等要求，具体如图5-48所示。

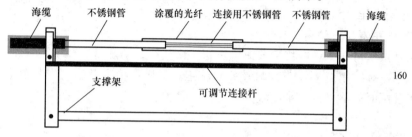

图5-48　不锈钢管的接续示意图

5.5.3　绝缘外护套接续

海缆绝缘外护套多采用聚乙烯材料，外护套在海缆结构中的主要作用首先是保护作用，海缆的敷设环境是海底，使得内层与海水隔离，同时具有耐腐蚀、不受机械伤害等功能；其次，外护套就直接起到绝缘和密封作用，使中心不锈钢管对地绝缘。软接头需要对两端海缆的绝缘层进行接续，并利用绝缘材料进行修补，具体如图5-49所示。

图5-49　海缆护套修补示意图

5.5.4　铠装钢丝连接

海缆中的铠装钢丝提供一定的抗拉力、抗侧压力，同时保护内部光单元免受挤压。由于铠装常用强度较高、耐腐蚀的钢丝，故在铠装钢丝接续中，利用铠装钢丝缠绕之间摩擦力作用，能够满足接头处的抗拉力要求。将铠装恢复到原来状态，并且形成铠装钢丝相互嵌套，再扣上接续条保护，增加铠装钢丝之间预紧力[8]，接续条如图5-50所示。

接续条在机械接续中具有强度高、耐腐蚀好等特点。使用接续条时，选择依据要从被覆铠装

图5-50　接续条实物图

截面尺寸大小、拉力大小及接续条螺旋旋转方向等方面来考虑，才能满足使用需求。接续条包覆在铠装的外层，在外拉力作用下，螺旋旋转对铠装钢丝握力随外力增大，螺旋旋转越紧，握力就越大，从而提升铠装钢丝间摩擦力，使整体抗拉强度满足使用要求。图 5-51 所示为接续条缠绕后示意图。

其主要技术指标如下：

1）外径：成型后外径比被连

接海缆外径略大；

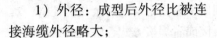

图 5-51　接续条缠绕后示意图

2）光纤接续损耗：≤0.1dB；

3）耐电压：与被连接海缆相同；

4）使用寿命：25 年。

柔性接头可在工厂内将多段海缆进行一次接续，满足特定环境需求，在海上施工抢修接续时用得不多[9]。软接头对施工人员操作稳定及施工工艺要求太高，在施工装配时间不可控，难度较大。

5.6　海底接驳盒

海底接驳盒（简称接驳盒）是一个水下信息处理中心与中转站，主要用于水下信息点多、离岸基距离远、分支多、网络拓扑相对复杂的系统中，提供电能及管理、信息处理与转发的装备，能够实现长期、实时、连续地对海洋各种参数进行收集处理与传送，为后期升级预留接口[10]。由动力电源管理与分配、信号处理与传输、系统安全运行监控、光电接口、耐水压密封壳体及基座等模块组成。

国外发达国家早在 20 世纪 90 年代起就开始组建海底观测网，其接驳盒技术发展较为成熟，相关技术在多个海域的海底观测网中都得到了验证和应用。发达国家，如美国、日本、加拿大及欧洲的英、法、德、意等国家都已建立多个海底观测网，分别用于各类水下军事监控以及对海洋地震监测、海底热液现象、海啸预报等科考研究。其中美国和日本开展研究的时间最早，技术也最为先进，其接驳盒的技术也在不断地提高，所建立的系统由最初单个水下接驳中心节点逐渐向多个水下接驳中心节点发展，海底电缆连接逐步更换为更先进的光电复合缆连接，光电接驳技术从输送功率几百瓦提高至数千瓦，输送电压从 220V AC 逐渐提升至 10kV DC，信号传输速率也达到 1000 Mbit/s 的通信带宽。

国内与国外发展情况相比起步稍晚些，从"九五"计划开始，相继启动了"台湾海峡及毗邻海域海洋动力环境实时立体监测系统"、"ZERO 海底观测网试验平台系统"、"东海海底观测小衢山海底观测站"、"岸基光纤线列阵水声综合探测系统"等一系列项目，为接驳盒的发展注入了动力。

5.6.1　动力电源管理与分配

对于海底观测网络的电能须从陆地岸基站以供电输送方式，满足海底观测系统电源的供给。动力电源的输送及管理分配是接驳盒基本功能，有交流供电、直流恒流供电及直流恒压供电等方式。

1. 交流供电

交流供电在陆用已经非常成熟。在水下高压交流长距离输电时，输电线存在寄生感抗与电抗，会产生较大的无功功率，影响系统电能传输和稳定性，需要在接驳盒中安装功率因素补偿设备，同时需要将交流转换为直流，供水下设备中的模块或器件使用。因此交流供电主要应用于近岸工程中。

2. 直流恒流供电

直流恒流供电多用于系统组网中，优点是能够自动隔离供电线路上的故障部位，保证系统中其余供电正常，具有较高的适应性。由于故障要旁路调节器来满足功率恒定的要求，会消耗部分电能，故岸基输电使用效率低。由于是恒流远距离输电，输送功率只与电流相关，故输送功率不大。此方式在远距离或拓扑结构复杂海底观测网不太适用。

3. 直流恒压供电

直流恒压供电可使用单极或双极供电两种方式，具有较强输送能力与扩展性能优越等优点，是国外新建海底观测系统首选输电方式，电能转换接驳方便，接驳盒中使用直流变换即可。岸基站采用 10kV DC 甚至更高输出电压，经复合海缆在接驳盒内进行光电分离、电压变换。接驳盒中采用分级降压模式，将高压直流降至中压直流输出，再将中压直流降至低压直流电，直接供内部器件模块使用或输出。

接驳盒电源系统包括高压降压和低压降压子系统，分别安装在不同的密封舱内。在电源设计方面，除了单个电源元件具备高可靠性外，对于多电源单体组成的电源系统来说，还要具备冗余能力，即使个别电源单体出现故障，也可以自动通过检测自动旁路，从而退出运行系统，不影响整个电源系统的正常运行。当多个电源单体连续出现故障，剩余的电源单体不足以支撑电源系统变换运行时，可自动进行检测并强行退出，从而保护下级用电设备的安全。接驳盒电源低压输出有 5V、12V、24V 等，原理框图如图 5-52 所示。

5.6.2　信息处理传输模块

由于海底观测系统由很多设备组成，这些设备所收集到的数据需要实时发送到岸基站，同时岸基站也会下达相关的指令给各个观测设备，因此在这其中需要接驳盒来对信号进行处理和调度，以及对电能和数据信号进行集中处理的节点。

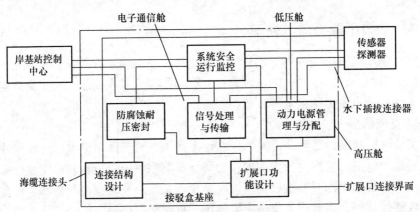

图 5-52　接驳盒原理框图

水下远程通信技术需要考虑网络组成的拓扑结构、通信协议以及时钟同步等因素。基于光纤以太网的网络传输技术与同步传输技术已经得到了普遍应用，但在水下的使用普及程度却远远滞后于陆地上，主要是由于水下应用环境恶劣而对传输技术的实时性、稳定性、可靠性提出了更高的要求。水下远程通信主要由网络通信结构、同步传输技术等两大技术组成。

1. 网络通信结构

接驳盒提供模拟信号采集和 RJ45、RS485、RS232 等多种数据接口，实现与前端探测设备的信号采集、通信、控制等功能。接驳盒与岸基站及前端探测设备的通信原理示意图如图 5-53 所示。

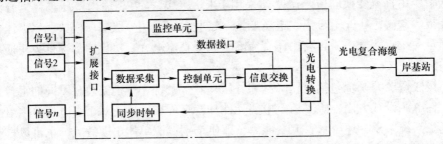

图 5-53　传感及通讯原理示意图

探测设备发出的信号通过扩展接口模块传输至接驳盒电子舱内，模拟量、数字量信号通过模块进行信号采集，需要同步传输的信号通过时钟同步单元时钟信号进行同步采集。采集的信号经中央控制单元以以太网信号形式送入信息交换处理单元部分，再与接驳盒进行数字通信的探测设备或通过串口转换接入信息交换处理单元，实现接驳盒内信息交换子网功能。信息交换处理单元以级联形式经光电转换单元与岸基站信息处理单元的交换机组成主交换网。光电转换处理单元通过内部的光模块以及波分复用器等，实现监控 I/O 通信信号、同步时钟信号以及以太网信号的复用功能。

接驳盒网络交换/时钟接收单元将该光信号转换为高速电信号，解码后输出时钟信号，从而控制接驳盒连接的探测设备信号同步采集。为提高接驳盒在水下环境运行的可靠性，实现扩展接口模块的冗余控制，以及实现部分电单元微处理器远程升级功能，在接驳盒内设计有监控 I/O 单元，单元与岸基站之间的通信同样采用波分复用方式在同一根光纤中进行。通过监控 I/O 单元与岸基站信息处理单元之间的简单数字量通信，实现网络崩溃或远程升级时接驳盒外界观测设备的通电状态控制。

2. 同步传输技术

从控制方面来说，岸基站信息处理单元与各接驳盒信息处理模块构成了一个分布式采集控制系统。为实现声场、磁场等信号的探测精度和可靠性，需要从岸基站发送同步时钟信号到各接驳盒进行数据采集的同步控制。由于岸基站与各接驳盒之间的通信采用标准光纤以太网协议，而时钟分配链路也采用光网络的方式进行分配和传输，所以为节约光纤使用数量，通过波分复用使用同一根光纤进行双向网络数据传输和时钟信号传输。接驳盒将采集的数据信号转换为网络光信号，通过光电复合海缆与岸基站进行数据交换与传输，岸基站对不同 IP 终端上传的数据进行对应处理。岸基站发送控制时钟信号并转换为光信号，通过光分路器、光电复合海缆发送到接驳盒中，实现对数据同步采集的控制。

5.6.3　安全运行监控模块

系统安全运行监控模块包括负载供电状态实时监控、外部中低压接口负载实时监控和故障检测、接驳盒内温度、压力、湿度参数的监测等。系统高速信息传递，如探测数据、上级命令、监控数据信息等。在电源系统运行的过程中，可以采用微处理器实时对各个电源单体进行运行状态检测，提供转换电压、电流以及关键器件表面温度等关键信息，通过信息网络系统传递到远程检测站点，从而实现电源系统运行健康状态的远程评估。

1. 输电线路监控

输电线路故障主要有过载、设备老化及意外故障等三个方面。

线路过载主要由负荷较大波动、线路寄生电感及负荷突然切断等引起，可能会造成器件永久性损坏，接驳盒运行时需要监控系统对电压、电流等信号进行实时监控并及时将信息传送至控制中心，对线路故障及时采取应对措施。

设备老化主要是由用电设备长期在满负荷或超负荷状态下运行造成的，会降低系统运行可靠性。接驳盒需对输出端负荷进行判断，在满负荷或超负荷状态运行，超过一定时间后就将其供电切断实现隔离，起到自我保护作用，同时避免影响其他节点的正常稳定运行。

意外故障包括负荷内部故障、短路故障及接地故障等，对系统的运行影响较大。负荷出现内部故障时，对其过电流持续时间进行判断后，将其供电切断实现隔离，达到自我保护；短路故障一般为不可修复的故障，必须完全物理隔离；接地故障主要由密封失效或者输电线路绝缘等级下降造成，也需要及时判断并进行隔离。

2. 网络传输监控

对于网络信号传输系统的监控主要包括数据传输链路、流量及传输误码率等。数据传输链路有发射激光器、接收探测器、网络交换机及转换器等。网络信号传输系统一般对于内部的元器件都采用冗余的形式，一旦这些器件出现不可修复的故障，立即启动备用器件，迅速恢复正常工作。对于分支线路中传输缆出现问题，系统应隔离该通道，以免影响其余通道的正常工作。控制系统应当时刻监测信息传输中发生的误码率，通过发送校验码测试网络信号的误码率等。

5.6.4 整体结构与水下插拔连接

接驳盒由支架、海缆接头、电子舱、密封耐压壳体及扩展口等组成。系统支架起到固定基座的作用；海缆接头将缆与接驳盒承力密封连接；电子舱为各种管理、通信模块提供安装空间；密封耐压壳体为内部功能模块提供水密及保护，防止水汽侵扰，具有耐水压、耐腐蚀性能；扩展口为前端设备仪器提供光电接口及预留扩展用。接驳盒原理样机如图 5-54 所示。

接驳盒作为海底观测网的水下控制中心，可以方便快捷地为水下多个探测设备提供水下工作基站，通过多个扩展接口将前端的探测设备与岸基站形成信息链路。水下插拔连接技术是接驳盒光电接插件重要技术之一，接驳盒施放到海底固定后，由于使用水深较深，故需用机械臂对其连接器进行插拔与维护，要求光电接插件的连接、分离都是在水下环境完成的，

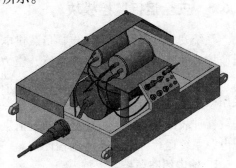

图 5-54　接驳盒原理样机图

不仅要光电复合连接器连接完成后具有整体水密功能，而且插头与插座在插入与分离过程中要具有水密功能，是动态密封跟随技术，同时插头、插座完全分离后也必须具有耐水压能力，水下插拔连接器是在插拔、分离前中后及过程中都必须具有水密功能，是一般水密连接器难以比拟的。

水下插拔连接器的插头及插座通过各自锁紧机构将其内部密封体的工作端口闭合，防止外界污染物进入插芯周围，通过充油实现二次密封。对接过程中，插头、插座内密封体的端面先贴合，隔离外界污染物，在力的作用下，插头向插座

内部沿轴向移动，此时密封体相对锁紧机构滑动，工作端口离开，锁紧机构不再为密封体的工作端口提供闭合作用力，插头、插座中原先闭合的密封体工作端口全部打开，实现光纤耦合对接，水下插拔连接结构示意图如 5-55 所示。

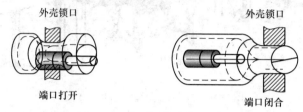

外壳锁口　　　　　　　　　　　　　外壳锁口

端口打开　　　　　　　　　　　　　端口闭合

图 5-55　水下插拔连接原理图

5.7　海缆接续工装与工艺

海缆附件不同于其他产品，用户自己难以完成装配，必须由专门人员完成，并且装配基本上都在施工现场进行，风险高、难度大。在现场装配时需接续工装与工艺配合，降低操作难度，提高产品可靠性。

5.7.1　海缆接续工装

海缆接续工装设备主要配套于布缆船，便于施工人员对海缆进行接续，海缆接续工装设备发展与海缆接续产品的发展方向一致。布缆船通过配备海缆接续工装设备，能够适应不同种类海缆接续工艺要求，从而快速、有效地对目标海缆实施抢修、维修，同时也可以为海底光缆通信系统的正常工作提供稳定、可靠的维修保障，以能够大幅提接续能力和接续效率为目的，同时降低工装设备对系统工作环境的要求。

海缆接续工装是为附件装配提供装夹、测试、数据贮存的工作平台。附件装配过程中的固定装夹、光纤熔接及测试、电气性能测试等都可以在接续工装上完成，同时还提供测试数据传输、打印、储存服务，以备系统后期维护参考。

海缆维修接续过程中涉及多个专业，需要从海缆路由探测到海缆端头打捞、固定、测试及布放等相关作业，整体作业周期长，而接头盒在现场作业时间须在一个海水潮汐内完成。由于接头盒装配在船上进行，作业空间受限、人员工具多、操作难度较大，所以对现场施工人员心理素质、技术熟练程度、产品装配工艺稳定性及相关仪器设备的适应性提出了极高要求。海缆接续工装为接头盒固定、海缆切割、光纤测试、光纤熔接、记录、辅助装配及过程监测提供"一揽子"手段，减轻施工人员的操作难度，降低施工过程中的风险，提高工作效率及产品可靠性。接续工装空间示意图如图 5-56 所示。

海缆接续工装功能分为海缆测试与监测子模块和附件装配子模块两大组成

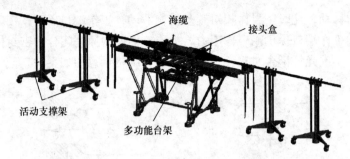

图 5-56　海缆接续工装空间示意图

部分。

　　海缆测试与监测子模块主要针对海缆的光学性能、电气性能进行测试，以及在施工布放过程中进行监测，同时为海缆链路损耗、耐电压、绝缘电阻的测试状况提供数据的记录与存储。该模块主要包括测量光链路损耗的光时域反射仪、测量绝缘性能的绝缘测试仪等。附件装配子模块为附件提供装配用的工装夹具，以及光纤熔接、海缆切割、密封注塑和安装过程中需要的系列专业设备及工具，是施工装配中不可缺少的一部分，也是产品性能稳定性可靠的保障。

　　国内研发的多功能装配台架如图 5-57 所示。多功能台架主要用来固定附件中的较大零件，夹持部分可以根据具体要求进行调整，满足绝大多数附件夹持要求；其他模块根据需要可随时快速安装与拆除，如两端托架用来将被连海缆快速固定，内铠钢丝夹紧模块用于内铠钢丝的分散固定，海缆纵剥模块用于内层护套的纵向开剥等；台架中部

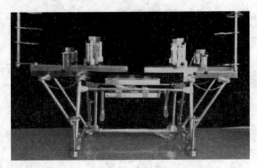

图 5-57　多功能接续台架结构图

用于进行光纤焊接，摆放熔接机、熔接工具等物品，平时可以收起以减少储存空间。

5.7.2　海缆接续工艺

　　附件装配基本工艺流程如图 5-58 所示。

　　每一道工序都与需要的工装相适应。除了多功能台架贯穿附件装配整个工艺流程外，海缆处理工序还离不开测试仪器与海缆切割设备，内铠钢丝锁紧需要液压装置提供较大预紧力，密封注胶处理需要压力胶枪或专业注塑设备等，配套使用，缺一不可。

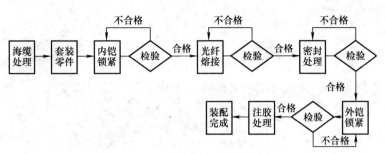

图5-58 海缆接续工艺流程图

5.8 附件新拓展

随着海洋探测快速发展，围绕海缆连接，附件有了新的拓展，出现了光电复合水密连接器、水下插拔连接器、承重拖头、拖曳连接器及零浮力水密连接器等。附件与光纤传感技术相结合，出现了防打开接头盒及漏水报警接头盒等；附件与水声技术相结合，出现了带有声呐换能器的接头盒或分支器。总之，随着技术发展，围绕着海缆连接、分支、合束，相关附件拓展会越来越多。

参 考 文 献

[1] 赵殿华，赵泽超，李兰. 楔形锁紧装置的设计 [J]. 工程机械，2008，39（10）.

[2] 曲君乐，刘杰，吴承璇，等. 海底铠装电缆承重锁紧密封装置设计 [J]. 海洋技术，2012，12（31）：36－39.

[3] 仇胜美. 深海海底光缆末端模压密封设备的研究 [D]. 上海：上海交通大学，2005.

[4] 李跃文. 塑料注塑成型技术新进展 [J]. 塑料工业，2011，2（4）：6－9.

[5] 陈为众. 光纤通信系统传输设计技术的研究 [D]. 南京：南京邮电大学，2010.

[6] 吴锦虹，陈凯，江尚军. 有中继海底光缆通信系统的应用与发展 [J]. 中国新通信，2014（17）：44－45.

[7] 刘贞德. 光纤通信中继距离的确定 [J]. 潍坊学院学报，2014，12（14）：61－64.

[8] 丰如男，夏峰，钟科星，等. 海底电力电缆抢修用软接头的研究与展望 [J]. 电线电缆，2011（1）：12－15.

[9] 夏峰，陈凯，张永明. 海底电力电缆铠装结构机械强度分析及设计 [J]. 电线电缆，2011（3）：8－11.

[10] Monterey Bay Aquarium Research Institute. A new way of doing oceanography. http：//www. mbari. org/mars/Default. html. 2010.

[11] NEPTUNE Canada. Research Projects. http：//www. neptunecanada. com/research/research－projects/2010.

[12] Consortium for Ocean Leadership. Ocean Observatories Initiative. http：//www. oceanleader-ship. org/programs－and－partnerships/ocean－observing/ooi/.

第 6 章

海底光缆测试

试验与测试伴随着海底光缆设计、制造、敷设的全过程。在设计和样品阶段，为了验证产品设计指标是否达到了预定的设计要求，要进行摸底试验与测试，在进入生产制造阶段后，试验与测试是为了验证生产工艺和过程能否保证生产出符合设计要求的合格产品，所有的试验都是希望模拟生产、制造、敷设及运行过程中光缆受到外力时的真实情形，只有通过试验测试的产品才可能在使用过程中有效抵御各种人为的和自然的损害。海底光缆测试实际上包括海底光缆陆上鉴定试验及海上试验，鉴定测试主要是验证海缆是否满足极端条件下工作，而光学性能没有下降或没有大的机械损坏，海上试验是验证海底光缆能否通过布缆船布放、埋设及打捞回收全过程时光学及力学性能要求。两者的测试方法和内容完全不同，本章主要介绍的是 GJB 4489 规定的系列工厂内试验测试项目，并逐一阐述这些测试和试验方法的应用。

6.1 光学性能

海底光缆的光学性能主要是指传输特性，包括光纤衰减、光纤色散及光纤偏振模色散等，它们决定了光纤通信无中继传输的最长距离及系统最高工作速率。光缆的光学性能通常由其所用的光纤决定，衰减是光纤光缆最主要的光学性能，光纤成缆后最容易发生变化的也是衰减，或者说集中体现在衰减和衰减均匀性上。如衰减不发生变化，则其他发生变化的可能性很小，因而海底光缆国军标中只规定了衰减的测量。但对长距离高速率海底光缆通信链路来说，色散和偏振模色散值也非常关键，由于光纤的色散在缆化过程中一般不发生变化，因此除用户有特殊要求外，通常只对光纤进行测试，同时考虑到军用海底光缆批量小、大长度链路少，所以现行海底光缆国军标只提出应符合所用类光纤的色散和偏振模色散要求，并没有要求在海底光缆交付时对其检测。与色散相比，光纤在受压、弯曲、温度变化等外部因素变化时，有可能对传输光纤的偏振模随机模偶合产生影响，也就是成缆时存在发生变化的可能，所以随着系统的传输速率不断提高，对长链路海底光缆系统也有测量偏振模色散的必要，故本章也将对其测试方法加以简单介绍。

我国国家标准关于光纤光学性能测量采用的是 GB/T 15972（对应 IEC 60793 – 1）标准。测量是一种严谨的操作，本书所述方式方法只是概括性要求，对某一具体方法感兴趣的读者可以查阅相关标准。

6.1.1　衰减

衰减（单位为 dB）是光纤光学性能测量的基本参数，这一参数表明，在传输一定长度后光信号减弱的程度，是度量光信号在光纤中传输时损失的量（因此也称为损耗）。衰减越小，光纤传输信号质量越高，传输距离也越长，反之衰减越大，光纤传输信号质量越低，传输距离越短。因此，衰减是制约通信传输质量及传输线路距离长短的重要因素。

由于存在衰减，传输信号的能量将不断减弱，因而使用光纤的长度就受到了限制，为了实现长距离光通信，就要有效降低光纤的衰减，因此要在一定距离（几十至几百千米）建立中继站，把衰减了的信号反复增强，以达到延长传输距离，提高传输质量的目的。

现代光学纤维的制作技术已十分精良，光纤衰减不断降低，传输质量日益优秀。但是在光纤制成光缆的过程中，受到生产各个环节各种因素的影响，缆化后的光纤也还会出现不同程度的衰减。因此为了严格控制产品质量，在海缆生产过程中的每一个工序，如着色、束管、成缆、护套挤出、钢丝铠装以及海缆成品交付等环节都需对衰减指标进行严格的控制，以确保产品质量。从衰减中派生出的更直观的光学参数是衰减常数和衰减不均匀性，本章将结合光时域反射仪（Optical Time Domain Reflectometry，OTDR）说明各参数的测试方法。

衰减的测量方法按照 GB/T 15972.40《光纤试验方法规范 第 40 部分：传输特性和光学特性的测量方法和试验程序 衰减》进行。主要包括截断法、插入损耗法、后向散射法和谱衰减模型法等。

1）截断法是测量光纤衰减的基准方法。该方法是基于光纤衰减定义，在注入条件不变的情况下，测量光纤两个横截面的光功率 $P_1(\lambda)$ 和 $P_2(\lambda)$，然后按式（6-1）计算光纤衰减。$P_2(\lambda)$ 是光纤末端出射光功率，$P_1(\lambda)$ 是截断光纤（通常是 2m）后截留段末端出射的光功率。

2）插入法是一种替代方法，其原理与截断法类似，也是工程中较常用的一种测量方法。将光纤测量结果与插入的校验 2m 短纤测量结果相比较而得到光纤衰减。与截断法相比，这种方法不破坏被测光纤，但测量结果没有截断法准确，主要用于链路光缆的测量。

3）目前在生产、施工及信号监测中广泛使用的方法是后向散射法，又称光时域反射法。它利用光纤一端作为出入口，克服前两种方法的缺点，是一种完全无损的方法。

一段光纤上，相距 L 的两个横截面 1 和 2 之间在波长 λ 处的衰减 $A(\lambda)$ 为

$$A(\lambda) = \left| 10\lg \frac{P_1(\lambda)}{P_2(\lambda)} \right| \tag{6-1}$$

式中　$P_1(\lambda)$——通过横截面 1 的光功率；

　　　$P_2(\lambda)$——通过横截面 2 的光功率。

6.1.2　衰减系数

单位长度上（km）的衰减为衰减系数（dB/km）。衰减系数越小意味着光纤传输信号质量越高。

1. 测量方法

采用 OTDR 对衰减、衰减常数、衰减均匀性进行直接测试。

OTDR 是利用后向散射法原理制造的专业测量光纤衰减的仪器。通过分析测量的光纤曲线，可以了解光纤的衰减、衰减常数、衰减均匀性、缺陷、断裂、接头耦合等若干性能。它根据光的后向散射与菲涅尔反射原理制成，利用光在光纤中传播时产生的后向散射光来获取衰减的信息，可用于测量光纤衰减、接头损耗、光纤故障定位，以及了解光纤沿长度的损耗分布情况等，是光缆生产、施工、维护及监测中必不可少的工具。图 6-1 所示为光时域反射仪测试原理示意图。

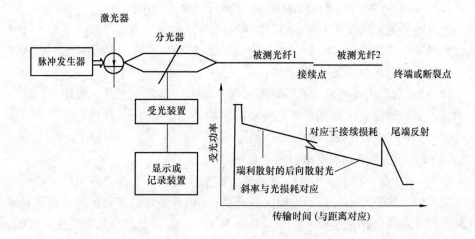

图 6-1　OTDR 测试原理示意图

2. 测试样品

测试样品为缠绕在盘上的一个完整制造长度的光缆，绕线张力均匀、外表面光滑、无突起或凹陷、外观完好的成品光缆，长度应不小于 1.0km。

3. 测试程序

1）将标准单模光纤接入 OTDR。

2）打开 OTDR 电源开关，等待仪器完成自检并显示正常。

3）根据海缆中实际使用的光纤，设定 OTDR 测试参数。需要设定的参数有波长、光纤折射率、距离范围、脉冲宽度、前端衰减、平均化处理时间、采样点等。

4）将被测试海缆光纤与标准光纤用光纤自动熔接机熔接。

5）熔接好的光纤画面显示在 OTDR 上，如图 6-2 所示。

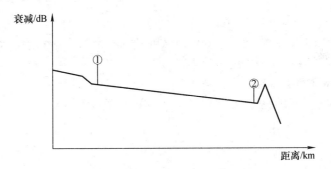

图 6-2　衰减常数测试示意图

6）在图上标记①②两点，将标记①点定在距被测光纤（缆）头端 100～200m 处，标记②点定在距被测光缆尾端 100m 处，记录标记点①②之间的衰减值 A（dB）为全程衰减值，标记①②点之间的距离为 L（km），标记①②点之间的衰减值（dB）与距离（km）的比值为该段光纤的衰减常数 α（dB/km）。

$$\alpha = \frac{A}{L} \tag{6-2}$$

衰减常数在 OTDR 上有直接显示，图 6-3 所示为商用 OTDR 仪表及测试曲线。

6.1.3　衰减均匀性

光纤衰减均匀性是对一段光纤上光信号传输时的衰减均匀程度的描述和测量，用来衡量大长度制造时成缆的工艺控制水平。

要求在规定的工作波长下，沿一段光纤不大于规定值的衰减突变点。判定该突变点是否由衰减均匀性引起，主要通过观察其形状是否随脉冲宽度的改变而变

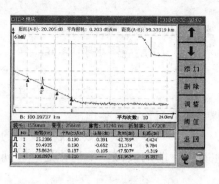

图6-3　衰减常数测试曲线及仪表

化，不变化的则判为衰减均匀。

一段光纤上的衰减均匀性（α）为这段光纤上平均500m的衰减（α_1）与任意500m衰减（α_2）的差的绝对值。

测试程序及数据处理

熔接好的光纤画面显示在OTDR上如图6-4所示。

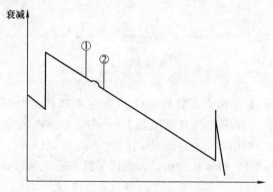

图6-4　衰减均匀性缺陷点定位

1）确定缺陷点。在放大的图形上找到被测光纤的最大缺陷点，改变脉冲宽度，观察此点损耗或增益的形状不随脉冲宽度的改变而变化，应确定此点为衰减不均匀性点。

2）缺陷点的测试。将缺陷点放在标记①②点之间500m的距离范围内，①点定在缺陷点前方，②点定在缺陷点后方，记录标记①②点之间的衰减值 α_1（dB）。

再将标记①点定在距被测光纤头端100～200m处，标记②点定在距被测光缆尾端100m处，记录标记①②点之间的全程衰减值并换算成平均500m衰减值

α_2（dB），如图 6-5 所示。

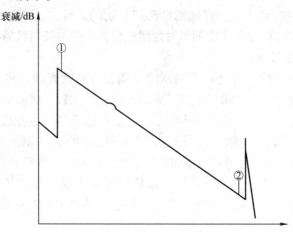

图 6-5 衰减均匀性全程衰减测试

此段被测光纤的衰减均匀性（值）为两值相减的绝对值，即

$$\alpha = |\alpha_1 - \alpha_2| \quad (\text{dB}) \tag{6-3}$$

6.1.4 色散

光纤色散特性是光纤的一项重要传输特性，它的存在导致传输光脉冲展宽，从而限制了光传输速率。根据光纤色散的产生机理，人们用单位长度波长间隔内的平均群时延来表示。如果在波长 λ 下，单位长度光纤产生的群时延为 $d\tau(\lambda)$，则色散大小用色散系数 D 来评定时，其定义为

$$D(\lambda) = \frac{d\tau(\lambda)}{d\lambda L} \tag{6-4}$$

式（6-4）表达了在某一波长，当光源谱宽为 1nm 时，单位长度（1km）光纤上的传输脉冲展宽值，它反映了光源谱宽对色散的影响，对于只存在模内色散的单模光纤，由于模内色散和光源谱宽密切相关，因此色散系数全面地反映了单模光纤的色散特性。

1. 测量方法

光纤色散测量现行标准是 GB/T 15972.42《光纤试验方法规范 第 42 部分：传输特性和光学特性的测量方法和试验程序 波长色散》。波长色散的测量有相移法、时域群时延谱法、微分相移法和干涉法等四种方法。

（1）相移法 通过测量不同波长的光信号通过光纤后产生的相移量（相位延迟差），计算得出不同波长的相对群时延，然后进行最佳拟合和微分运算并得到光纤色散特性曲线 $D(\lambda)$。相移法可用典型的激光器光源或经过分光的 LED 作光源。该法是测量所有 B 类单模光纤色散的基准试验方法，可用于解决对试验

结果所持异议。

（2）时域群时延谱法　直接测量已知长度的光纤在不同波长脉冲信号下的群时延，用指定的拟合公式由相对时延谱拟合光纤的波长色散特性。该法是测量A1类多模光纤色散的基准方法。

（3）微分相移法　将光源经调制的光耦合进被试光纤，将光纤输出的第一个波长光的相位与输出的第二个波长光的相位进行比较，由微分相移、波长间隔和光纤长度确定这两个波长间隔内的平均波长色散系数。本方法假定这两个测量波长的平均波长的波长色散系数等于这两个测量波长间隔内的平均波长色散系数。通过对色散数据曲线拟合可获得诸如零色散波长 λ 和零色散斜率 S 这两个参数。

（4）干涉法　应用马郝—森塔干涉仪原理可测量短段（10m）光纤试样的群时延谱及色散值，从而外推到长光纤，但这种外推并不十分准确，因此它只是一种替代方法。

2. 测量装置

相移法是光纤色散测试中使用较多的一种方法，其试验装置如图6-6和图6-7所示。

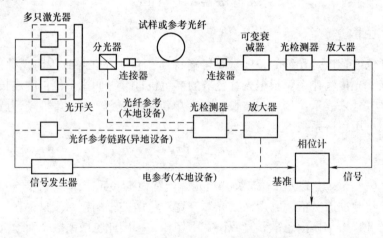

图6-6　相移法试验装置（多只激光器）

3. 试样和制备

测试样品为缠绕在盘上的一个完整制造长度的光缆，试样长度应达到足够的相位测量精度，典型的最小长度是1km，试样的输入端面和输出端面应平整、光滑，与光纤轴应有很好的垂直度。

参考光纤类型应与试样光纤相同，以便

图6-7　商用光纤色散仪（相移法）

对光源和装置其他部分产生的色散延迟进行补偿。参考光纤长度应短于或等于被试光纤长度的 0.2%。

4. 测量程序

1）将参考光纤插入试验装置，并建立基准信号，测量和记录试样在每个波长上信号相对于基准信号的输入相位。

2）将被试光纤插入试验装置，并建立基准信号，测量和记录试样在每个波长上信号相对于基准信号的输出相位。

3）读取群时延与波长的对应曲线，该曲线的斜率就是对应波长的色散，如图 6-8 所示。

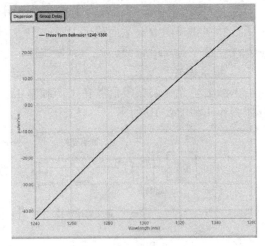

图 6-8　波长色散曲线

6.1.5　偏振模色散

光纤偏振模色散（PMD）是单模光纤中两个正交偏振模之间的差分群时延，与光纤波长色散对系统性能具有相同的影响，也会引起脉冲展宽，从而限制传输速率。尽管 PMD 比波长色散小得多，但在高速率传输系统中，偏振模色散成为继衰减、波长色散后又一个限制传输速度和距离的重要因素。PMD 不同于光纤波长色散（CD），一般 CD 比较稳定，而 PMD 系数则是随机变化（对温度、应力、弯曲等因素的影响较敏感）的。PMD 常用群时延差的平均值，即 PMD 系数表示，测试较为复杂。

1. 测量方法

目前对偏振模色散的讨论和研究还在进行，在国际上还没有一个统一的偏振模色散测试方法。有几种测试方法被广泛应用，包括斯托克斯参数测定法、偏振态法、干涉测量法、固定分析其（波长扫描法），其中偏振态法被最新的 GB/T 15972.48—2016 版划归到了斯托克斯参数测定法中。

我国偏振模色散测量现行标准是 GB/T 15972.48《光纤试验方法规范 第 48 部分：传输特性和光学特性的测量方法和试验程序　偏振模色散》。标准规定了斯托克斯参数测定（SPE）法、干涉法（INTY）、固定分析器（FA）法等三种测试方法。

1）斯托克斯参数测定法是 PMD 值的基准测量方法，在波长范围内以一定的波长间隔测量出输出偏振态（SOF）随波长的变化，该变化用琼斯矩阵本征分析（JME）或邦加球（PS）上 SOP 矢量的旋转来表征，通过分析计算得到 PMD 结果。优点是测试精度高；缺点是装置复杂、测试速度慢、仅用于实验室环境使用。

2）固定分析法测量的是波长范围内的 PMD 平均值，测量过程中需要调节光源的输出波长，测量时间长，难以现场使用。

3）干涉法是在光纤一端用宽带光源照明，在光纤输出端用干涉仪测量自相关函数和互相关函数，从而确定 PMD。该法属于时域测量方法，直接测量 PMD，主要优点是装置简单轻便、操作方便快速、显示直观、测试精度满足要求。

2. 测量装置

干涉法是光纤偏振模色散在生产和施工现场普遍采用的测试方法，其试验装置如图 6-9 和图 6-10 所示。

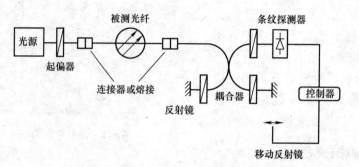

图 6-9　干涉法测量 PMD 的实验原理图

3. 测量程序

首先将出厂光纤的两端先剥除光纤涂层，制备好光纤的端面，然后设置光纤的波长等参数，再将待测光纤的两端连接到设备的输入和输出端。随后操作测量仪器检查耦合功率，当耦合功率合格后（耦合功率越高，测试的结果越准确）就可以单击设备测试，进行 PMD 的测量，测量自动显示 PMD 色散图以及 PMD 值、PMD 系数、二阶 PMD 和系数以及是否通过了测试设定阈值等，如图 6-11 所示。

图 6-10　商用 PMD 测试仪

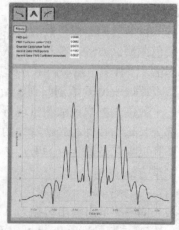

图 6-11　PDM 测试图

由于 PMD 受温度、应力、弯曲等因素的影响较大，且是随时间变化的随机统计量，因此对于工程应用来说，测试链路的 PMD_Q 值比测试单盘光缆的 PMD 更有实际意义。

6.2　力学性能

海底光缆的力学性能是指海底光缆所具有的抵抗外部机械力作用的能力。

海底光缆在制造、运输、施工和使用过程中都会受到各种外部机械力的作用，光缆中的光纤在外机械力作用下有可能会受到影响，其传输性能可能发生变化，甚至影响使用寿命，当外机械力足够大时还会立即出现断缆断纤现象。

海底光缆受到的外机械力通常是综合性的，不同情况下海缆承受的外作用力不但大小不同，而且类型也不同。综合各种受力状态，可以分解为拉伸、压扁、反复弯曲、冲击等典型的受力状态。

力学性能试验是检验光缆产品力学性能是否达到企业标准或者订货合同技术指标要求的检测性试验，是用来判断被检测海缆产品是否合格的试验。生产厂家要定期按本厂企业标准对所生产的各种型号光缆做这种常规试验，以便及时判断所生产的光缆产品质量及质量控制是否存在问题。

6.2.1　拉伸负荷

1. 试验目的

拉伸负荷试验的目的在于测试海底光缆是否能够承受规定的拉力，验证光缆能否在极端条件下工作而光学性能无下降以及没有大的机械损坏。工作拉伸和短暂拉伸是非破坏性的，即施加的拉伸力是在光缆的弹性范围内，断裂拉伸则是破坏性的试验。

拉伸试验时对于光纤在拉力下光性能变化的测试参数主要有两个，一个是测量衰减变化，采用光源、光功率计；另一个是测试光纤伸长应变，采用光纤应变测试仪。

2. 试验样品

从制造完成的整盘海底光缆上截取一段样品，样品长度应不小于 50m，取样时应注意检查样品外观完好。

3. 试验装置

拉伸试验装置组成如图 6-12 所示。

4. 试验要求

拉伸负荷试验分为工作拉伸负荷、短暂拉伸负荷和断裂拉伸负荷。

工作拉伸负荷是模拟海底光缆处于稳定工作状态时所承受的拉力状态，承受

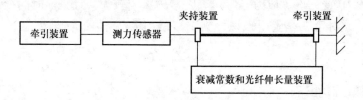

图 6-12　拉伸试验装置示意图

的拉力值较小，但受力时间较长。

海缆在进行工作拉伸负荷试验时附加衰减应不大于产品标准的规定值，按照国军标要求试验后光纤不应有残余附加衰减且光纤不应有伸长量。

短暂拉伸负荷是模拟海底光缆在敷设和工作时所受到的短时拉伸力，这个力大于工作拉力，但是力值持续时间比较短。

海底光缆进行短暂拉伸负荷试验时，附加衰减及光纤的伸长量应不大于产品标准的规定值。

断裂拉伸负荷是海缆能够承受的极限拉力值，低于该负荷时光缆不会断裂。

海底光缆由于其硬度高，弯曲半径大等特点，在进行拉伸负荷试验时宜采用直拉式。在拉伸设备的两端所用的固定光缆的方法应是均匀地固定住受试光缆，保证能够限定住光缆中所有元件的移动，以获得最大允许拉伸负荷，并取得衰减变化和应变极限的测量。

一般情况下同一产品的三种拉伸试验可以取一根样品，样品一次性安装完毕，连接好所有光性能测试系统，从工作拉伸、短暂拉伸、断裂拉伸依次进行试验。

特殊情况下，如鉴定检验、仲裁检验或用户另有要求，则三种拉伸试验应分别取样、分别试验和测试。

5. 试验程序

步骤一：装夹样品。

将拉伸试验机头端（动力端）和尾端定位至拉伸的初始状态（使拉伸试验时的行程最大），按试验所需的长度截取光缆样。将光缆安装至拉伸设备时，端头夹紧方式可选锥形夹具或金具夹紧方式，并保证其固定安全。以下样品安装方式以锥形夹具为例。

将光缆一端从外层至内层顺序剥开，将加强件各层逐一清洗干净，内外层钢丝按绞合光缆时的原有位置顺序摆正，夹具位置应在距外端长度 2m 左右，各层钢丝加强件按顺序摆进锥形夹具上的钢丝槽内，用液压压紧装置给夹具加上合适的压力，确保缆中内外层钢丝与锥形夹具完全契合，然后减去多余外部加强件并将夹头固定在拉伸试验机尾座上（尾端）；从尾端将光缆摆正顺直到拉伸试验机头端合适的长度，做另一个夹头，将做好的夹头固定在拉伸试验机头端。

步骤二：连接光性能测试系统。

将样品尾端预留的 2m 长不锈钢管剥除 1.5m，露出裸光纤，擦净油膏，用自动熔接机将光纤两两相接，接好后的尾端裸光纤以自然、松散的状态放置在与样品高度一致的平面上，并保证裸光纤在拉伸试验机运动过程中能随行运动而不至于崩断、勾断或挂断等。在样品的头端将环接好的光纤接入衰减测试系统和应变测试系统中，等待测试仪器状态稳定。

衰减测试采用光源、光功率计。

应力应变测试（光纤伸长量测试）有两种，即差分脉冲时延法和布里渊反射法。对于大芯数的光缆在测试时可以用多通道的光开关进行多光路监测。

步骤三：在拉伸试验机操作系统中输入试验参数，即拉力值和拉力保持时间，并确认输入正确。

起动拉力试验机预加初始拉力（初始拉力值应不大于规定拉力值的 10%），光性能测试系统各仪表记录试验前数据，光功率计为 P_0，应变仪为 ε_0；加负荷至规定拉力（工作拉力、短暂拉力、破断拉力），并保持负荷至规定的时间，光性能测试系统各仪表记录试验中测试数据，光功率计为 P_1，应变为 ε_1；释放负荷至初始拉力，光性能测试系统各仪表记录试验后测试数据，光功率计为 P_2；应变为 ε_2。

步骤四：试验结果及评定。

试验中光性能变化 $P(\mathrm{dB})$ = 规定拉力下光性能测试值 P_1 − 试验前光性能测试值 P_0

试验后光性能变化 $P(\mathrm{dB})$ = 规定拉力解除后光性能测试值 P_2 − 试验前光性能测试值 P_0

应变测试的试验结果及评定：

如果采用脉冲时延法，则在同一条曲线图上拉力与光纤应变是同步对应呈现的，可以直接读取某个拉力下的对应伸长量。

如果采用 BOTDR 测试，则是在力值保持到规定时间时进行测试，整个测试曲线反应的是这一时刻该力值下整段光纤上的应变分布状态。即 ε 分别为工作拉伸负荷、短暂拉伸负荷、断裂拉伸负荷试验中的应变值。

检查试验后样品外观是否完好，需要时可解剖样品。

6.2.2　反复弯曲

1. 试验目的

反复弯曲试验的目的是模拟敷设作业时光缆承受的弯曲，验证海底光缆生产、运输、布放时经受反复弯曲的能力。

2. 试验样品

反复弯曲试验的样品通常是从成品海底光缆上截取的一段。

由于海缆外径大，硬度高，在进行反复弯曲试验时弯曲轮半径较大（一般在 500～1000mm），因此使得反复弯曲试验机的摆臂也比较长（一般可达到900～2000 mm），这些因素使得海缆在进行反复弯曲试验时所需行程较大，为了使光缆样品在试验时保持相对平稳，有利于监测数据的稳定，一般在进行试验时，根据试验现场情况取样品长度 10～15m。

3. 试验装置

海缆反复弯曲试验装置应能够使试样左右往复弯曲角度达到180°，试样的两个极限位置为试样的两个垂直边弯成90°，同时，试样还要受到一个拉伸负荷。试验装置应具有一个可调节的夹具或固定件来牢牢地夹住光缆试样，保证海缆在试验过程中不会滑脱，同时还要保证夹具在夹紧光缆时不会挤压到光纤而引起光纤衰减。试验装置中还应该包括一个配重架，配重架应能放置试验时所需要的配重，并能满足试验所需要的足够大的行程。

4. 试验要求

具有循环能力的试验装置上的摆臂带动试样由垂直位置（试验起始位置）摆动至右端极限位置，然后摆动弯曲到左端极限位置，再回到原始的垂直位置（试验起始位置），构成一个弯曲角度为 ±90°的循环。图 6-13 所示为反复弯曲示意图。

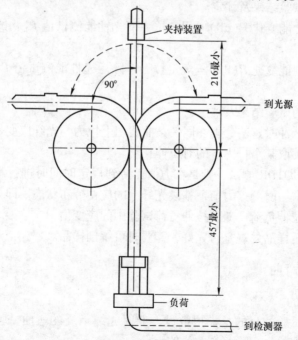

图 6-13　反复弯曲示意图

5. 试验程序

步骤一：装夹样品。

为了方便测试并取得稳定的测量效果，在进行反复弯曲试验时，光透射性能测试选择光纤串联测试的方法。将海缆样品试验端（尾端）剥除 400mm 长度，露出裸光纤，将光纤两根为一组用光纤自动熔接机熔接并用光纤套管加固，将接好的裸光纤整齐地固定在光缆外护套上；将光缆试验端固定在试验机摆臂的上端，并用合适的夹具将缆固定在夹头内；然后将反复弯曲试验机摆臂调整至垂直位置，确定配重（负荷）架合适的高度并用合适的支撑物支撑配重架；将光缆固定在配重架上（负荷）的夹头内，确认样品装夹可靠，并在配重架上加上产品试验要求的配重。

步骤二：连接光性能测试系统。

在样品的测试端（另一端）将串联好的光纤接入光源、光功率计等光性能测试仪器，确认光性能测试系统连接正常。

步骤三：试验过程。

在反复弯曲试验机操作系统中输入试验参数，即弯曲角度 ±90°、弯曲速率、弯曲次数，并确认输入正确。撤除配重架支撑物，确认摆臂定位于竖直的位置（试验开始位置），待光性能测试系统各仪表测试数据显示稳定，记录试验前数据 P_0。

起动试验机进行试验，在整个试验过程中观察光性能测试系统的变化，记录试验过程中的最大值（或最小值）P_1（样品弯曲到最大弯曲角度 +90°、－90° 时）。试验结束后摆臂回到竖直的位置（试验开始位置），光性能测试系统各仪表记录试验后测试数据 P_2。

步骤四：试验结果及评定。

试验中光性能变化（dB）= 试验过程中的最大（或最小）测试值 P_1 － 试验前光性能测量值 P_0

试验后光性能变化（dB）= 试验后光性能测量值 P_2 － 试验前光性能测量值 P_0

试验后拆下样品，检查外观是否完好，需要时可解剖样品，查看内部元件是否发生损伤。

6.2.3　冲击性能

1. 试验目的

冲击试验的目的是模拟光缆在作业时承受的瞬时冲击力，验证海底光缆耐重物冲击的能力。

2. 试验样品

冲击试验使用的样品为制造完成的成品海底光缆上截取的一段。

为了保证满足试验规定的要求，在需要对样品进行光学性能测量时，海底光缆冲击试验的样品长度应不小于10m。当只对海缆试样进行物理损坏判定时，试样长度应不小于1m。

在截取样品前应在截取处做好光缆的捆扎，以防止光缆截开后缆头松散，影响试验结果。

3. 试验装置

冲击试验装置应能使规定的冲击力以自由落体状态作用到固定在一个刚性基座平台上的海缆试样上。冲击力可以直接作用在海缆样品上，也可以通过中间体作用在海缆样品上。

与试样接触的冲击头表面应为圆形。它既可以是半球形，又可以是圆柱形。冲击块球面曲率半径应符合试样试验要求。配重架应能够配置足够多的重物而不会妨碍重物的自由落体运动，图6-14所示为冲击示意图。

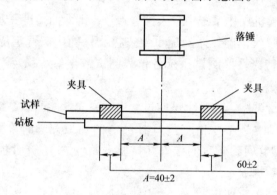

图6-14　冲击示意图

4. 试验要求

海底光缆冲击试验的最大特点是冲量大（可达数百焦耳），在海缆冲击试验中需要控制的试验参数主要有冲击重锤重量、冲击时自由落体高度，冲击次数（每点冲击一次），冲击位置（冲击三点，相邻冲击点间隔500mm以上）。

5. 试验程序

步骤一：装夹样品。

根据冲击试验点的数量取合适段长的成品海缆试验样品，将预定的海缆样品上的第一个冲击点放置在刚性基座平台上，并用合适的夹具进行固定，防止样品纵向或侧向移动。

步骤二：连接光性能测试系统。

在进行多点冲击时为了方便在不同点试验时移动光缆，并保持测试状态稳定，在进行光学测量系统连接时应选用光纤串接（或环接）法。将海缆样品一端剥除 400mm 长度，露出裸光纤；将光纤两根为一组用光纤自动熔接机熔接并用光纤套管加固；将接好的裸光纤整齐地固定在光缆外护套上，并将缆头固定放置在合适的位置加以固定，以防止样品摆动或脱落时崩断光纤。在样品的另一端（测试端）将环接好的光纤接入光源、光功率计等光性能测试仪器，等待仪器测试状态稳定。

如果只需要冲击一个试验点，则可以进行光纤直接测试。

步骤三：试验过程。

在冲击试验机中输入试验参数，即冲击高度、冲击重量、冲击点 冲击次数等，等待光性能测试系统各仪表测试状态稳定。

记录试验前光性能测试值 P_0，起动试验机进行第一次冲击试验，重锤冲击在样品上，观察并记录试验中光性能测试值 P_1，重锤撤离样品 1min 内读取试验后光性能测试值 P_2。松开样品固定夹具，移动光缆进行下一个冲击点试验，相邻冲击点的位置间隔应大于 500mm。

步骤四：试验结果及评定。

试验中光性能变化值（dB）＝试验中的最大（或最小）测试值 P_1 － 试验前光性能测试值 P_0

试验后光性能变化值（dB）＝试验后光性能测试值 P_2 － 试验前光性能测试值 P_0

检查试验后的样品外观是否完好，需要时可解剖样品，检查内部元件是否损伤。

6.2.4　抗压性能

1. 试验目的

抗压试验的目的是模拟光缆贮存、作业及打捞时承受的侧压力，验证海底光缆的抗压扁能力。

2. 试验样品

海底光缆抗压试验样品应从制造完成的成品光缆上截取。

为了保证满足完成试验规定的要求，在进行海底光缆抗压试验时，如需进行光性能测试，则海缆样品长度应不小于 10m，如果需要进行多点压扁试验，则试验样品长度应不小于 15m。当只对光缆试样压扁时的物理损坏程度进行判定时，试样长度可取 1~5m。

3. 试验装置

海底光缆抗压试验装置应能使在平钢板（垫块）和可移动钢板（压块）之

间的光缆试样的受试长度为 100mm 的部分受到均匀的压力。可移动钢板的边缘应倒圆，倒圆半径大约为 6mm。图 6-15 所示为海缆抗压示意图。

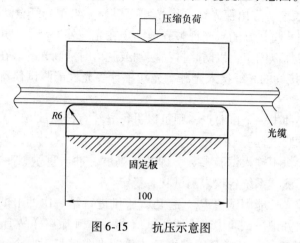

压缩负荷

R6

光缆

固定板

100

图 6-15   抗压示意图

4. 试验要求

在海缆压扁试验中需要控制的试验参数主要有压力、压力持续时间、压力增加速率等。

如果进行多点压扁，则每个相邻点之间的距离应相隔 500mm 以上。

5. 试验程序

步骤一：装夹样品。

根据试验要求从成品缆上截取合适长度的海缆试验样品，试样置于两平板间的正中位置，将预定的样品缆上的第一个压点摆放在压块中，试验机加预紧压力，将缆压紧（初始压力），防止样品侧向移动。

步骤二：连接光性能测试系统。

如果进行多点压力试验，则为了移动样品缆方便，进行光学测量系统连接时选用光纤串接（或环接）法。将海缆样品尾端剥除 400mm 长度，露出裸光纤，将光纤两根为一组用光纤自动熔接机熔接并用光纤套管加固，将接好的裸光纤整齐地固定在光缆外护套上。并将缆头固定放置在合适的位置，以防止样品摆动和脱落，崩断光纤。在样品的另一端将环接好的光纤接入光源、光功率计等光性能测试仪器，等待仪器测试状态稳定。

步骤三：试验过程。

在压力试验机中输入试验参数，如压力（kN/100mm）、压力保持时间、加压速率（mm/min，N/min）等，待光性能测试系统各仪表状态稳定，测试并记录试验前数据 P_0。起动试验机进行第一次压力试验，逐渐施加压力，为了防止由于压力不均匀产生突然变化，应采用逐步增量方式施加压力，在达到要求的压力并保持规定的时间后，记录试验中光性能测试数据 P_1。压力保持时间到，释放压力到预紧压力状态，在 1min 内测试并记录试验后光性能测试数据 P_2。

移动光缆位置，进行其他各点的试验，各点之间的位置间隔应大于 500mm。

步骤四：试验结果及评定。

试验中光性能变化（dB）= 压力保持过程中的最大（或最小）测试值 P_1 – 试验前光性能测试值 P_0。

试验后光性能变化（dB）= 试验后光性能测试值 P_2 – 试验前光性能测试值 P_0

检查试验后的样品外观是否完好，需要时可解剖样品。

6.3　电气性能

6.3.1　直流电阻

1. 试验目的

对成品海缆中每一根导体进行直流电阻测试，确保产品在生产制造过程完成后该项指标符合规定的要求。

2. 试验样品

直流电阻试验样品应以成品海缆整盘长度作为试样，或从成品海缆上截取长度不小于 1m 的试样。

为保证测试时测试样品与试验环境温湿度达到平衡，试样应在测试环境中放置足够长的时间，短样品应放置不少于 2h（如 1m 长样品），长样品应放置不少于 24h（如整盘海底光缆）。

3. 试验装置

可采用数字式直流电阻测试仪或采用数字万用表直接测试。在批量生产中，允许用其他合适的仪表进行测量。

4. 试验要求

试验环境要求：温度为 15～25℃，湿度为不大于 85%。

试验方法应符合 GB/T 3048.4 的规定。

试样要求：如果用短样品测试，则需要将样品拉直，不应有任何导致试样导体横截面发生变化的扭曲也不应导致试样导体伸长。

5. 试验程序

步骤一：试样处理。

试样在接入测试系统前，应预先除去试样导体外表面绝缘、护套或其他覆盖物，也可以去除试样两端与测量系统相连接部位的覆盖物，露出导体。去除覆盖物时应小心进行，防止损伤导体。清洁其连接部位的导体表面，去除附着物、污秽和油垢。连接处表面的氧化层应尽可能除尽。

步骤二：连接测试系统。

用直流电阻测试仪或数字万用表上的测试端头连接海缆中的被测试导电体，并保持连接的稳定性。

步骤三：试验过程及结果评定。

输入测试参数，启动测试程序，并读取测试数据。

一般测试在忽略环境因素影响的情况下，直流电阻的简便计算为

$$R = \frac{R_x}{L} \tag{6-5}$$

式中　R——每 km 长度的电阻值，单位为 Ω/km；

　　　R_x——实测电阻值，单位为 Ω；

　　　L——试样的测量长度（成品电缆的长度，而不是单根绝缘线芯的长度），单位为 km。

如果测试环境为非试验室标准环境温度，则型式试验时应按以下标准温度下单位长度电阻值换算公式进行换算：

$$R_{20} = \frac{R_x}{1 + \alpha_{20}(t - 20)} \frac{1000}{L} \tag{6-6}$$

式中　R_{20}——20℃每 km 长度的电阻值，单位为 Ω/km；

　　　α_{20}——导体材料 20℃时的电阻温度系数（温度校正系数表见 GB/T 3048.4—2007），单位为 1/℃；

　　　t——测量时的导体温度（环境温度），单位为℃；

　　　L——试样的测量长度（成品电缆的长度，而不是单根绝缘线芯的长度），单位为 m。

当测试值为试验要求的临界值时必须明确试样长度采用光测长度（缆中光纤长度）还是光缆的物理长度（计米器计算的光缆皮长）。

例行试验时应按式（6-7）进行换算。

$$R_{20} = R_x K_t \frac{1000}{L} \tag{6-7}$$

式中　R_x——t℃时 L 长电缆的实测电阻值，单位为 Ω；

　　　K_t——测量环境温度为 t℃时的电阻温度校正系数（温度校正系数表见 GB/T 3048.4—2007）。

6.3.2　绝缘电阻

1. 试验目的

对于中继海缆检测护套的绝缘性能，对于无中继海缆检测护套的完整性。

2. 试验样品

一般采用整盘交货长度进行测试。

3. 试验装置

能够容纳浸泡成品海缆的水池，采用绝缘电阻测试仪进行测试，在批量生产中，允许用其他合适的仪表进行测量。

4. 试验要求

环境条件要求：检验时测量应在环境温度为（20±5）℃和空气湿度不大于80%的水中进行。

试验方法要求：应符合 GB/T 3048.5 的规定。

5. 试验程序及数据处理

（1）试验程序。

步骤一：试样处理。

将海缆整个制造长度放在水池中浸泡168h，海缆浸入水中时，试样两个端头露出水面的长度应不小于250mm，绝缘部分露出的长度应不小于150mm。

浸水168h后，在处理样品时应将光缆两端头逐层分开，将需要测试的导线各自分离，小心剥除试样两端绝缘外的覆盖物，并注意不要损伤绝缘表面，露出的绝缘表面应保持干燥和洁净。

步骤二：连接测试系统。

用绝缘电阻测试仪测试导电体和不锈钢松套管的对地绝缘电阻值。用绝缘电阻测试仪上的两个测试夹头分别夹住处于同一端头的需测试的导电体和不锈钢松套管。

步骤三：试验过程及结果评定。

开启绝缘电阻测试仪，按照要求输入测试参数（测试电压）。

为使绝缘电阻测量值保持稳定，测试充电时间应足够充分，不少于1min，不超过5min，通常推荐1min读数。

（2）数据处理。

采用直流比较法测试时，应按仪器说明书给出的公式计算绝缘电阻值。

采用电压－电流法或用数字式仪器测试时，应按仪器说明书规定读取绝缘电阻值。

每 km 长度的绝缘电阻应按式（6-8）计算。

$$R_L = R_x L \tag{6-8}$$

式中　R_L——每 km 长度的绝缘电阻，单位为 MΩ·km；

　　　R_x——试样绝缘电阻值，单位为 MΩ；

　　　L——试样有效测量长度，单位为 km。

6.3.3　直流电压

1. 试验目的

对于中继海缆检测绝缘层的耐压性能，对于无中继海缆检测护套完整性。

2. 试验样品

海缆直流电压测试的样品通常为成品制造长度。也可按用户要求确定。

3. 试验装置

耐电压测试仪、水池、试验人员防护装备、放电装置等。

4. 试验要求

试验应在（20 ± 15）℃的环境下进行，试验时，试样的温度与周围环境温度之差应不超过 ± 3℃。

试样耐压试验的电压值、极性、电流值和耐受电压时间应符合产品标准规定。

试验方法要求：应符合 GB/T 3048.14 的规定。

5. 试验程序

步骤一：试样处理。

采用与绝缘电阻同样的试样，选取试样终端部分的长度并制备终端头，应能保证在规定的试验电压下不发生沿其表面的闪络放电或内部击穿。

步骤二：连接测试系统。

以满足试验要求的方式接线，保证试样每一个导体与其相邻导体之间至少经受一次直流电压试验。

步骤三：试验过程及结果评定。

起动设备对样品进行加电压试验。对试样施加电压时应从足够低的数值（不应超过相应产品标准所规定试验电压值的40%）开始，以防止操作瞬变过程引起的过电压影响；然后慢慢地升高电压，以便能够在仪表上准确读数，但也不应太慢以免造成在接近试验电压时耐压时间过长。若试验电压值达到75%以上，则以每秒2%的试验电压速率升压，通常能满足上述要求。将试验电压保持规定的时间后切断充电电源，通过适当的电阻使回路电容，包括试样电容放电来消除电压。

结果评定：试样在施加相应规定的电压和持续时间内，无任何闪络放电，或者试验回路电流不随时间而增大，则认为试样通过直流电压试验。

如果在试验期间内出现电流急剧增加，甚至直流高压发生器线路的开关跳闸，且试样不可能再次耐受同样的试验电压，则认为试样已击穿。

在对试样施加规定的电压下，其泄漏电流不超过相应标准规定值，则认为试样的泄漏电流试验合格。

6.4 物理性能

海缆物理性能的主要检测项目有外径、重量、渗水等。通过对物理性能指标的控制，使成品海缆的制造质量从外观上看均匀一致、表面光滑、无外层开裂等。

6.4.1 外径

用符合测量精度要求的游标卡尺，在制造完成的成品光缆的头端（外端）1m 长度内取三个点进行外径测量，三个测量数据应全部符合规定要求。三个测量数据取算术平均值，即为外径值。

6.4.2 重量

1. 空气中的重量

从制造完成的成品光缆上截取长度不小于 1m 的试样，用钢卷尺测量样品实际长度，然后在磅秤上称重。

2. 海水中的重量

海缆在海水中的重量可以通过计算获取。

深海外护套结构海缆： $$w_S = w - \pi D^2/4 \times 1.025 \tag{6-9}$$

浅海铠装海缆： $$w_S = w - (V_1 + V_2 + 0.5V_3) \times 1.025 \tag{6-10}$$

式中 w_S——海缆在海水中重量，单位为 N/km；

$\quad w$——海缆空气中重量，单位为 N/km；

$\quad D$——海缆外径，单位为 m；

$\quad V_1$——单位 km 海缆缆芯体积，单位为 m^3/km；

$\qquad V_1 = \pi d^2/4 \times 1000$（$d$ 为缆芯外护套直径，单位为 m）；

$\quad V_2$——单位 km 铠装钢丝体积，单位为 m^3/km；

$\qquad V_2 = n(\pi d_1^2)/(4 \times 0.98) \times 1000$（$n$ 为钢丝根数，d_1 为钢丝直径，单位为 m）；

$\quad V_3$——单位 km 外被层体积，单位为 m^3/km；

$\qquad V_3 = \pi D^2/4 - V_1 - V_2$。

6.4.3 渗水试验

1. 试验目的

海缆渗水试验的目的是模拟光缆的阻水特性，确定光缆在规定的压力（一定的压力对应一定的水深）下，规定长度方向上阻止水渗透的能力。

2. 试验样品

海底光缆渗水试验采用海底光缆缆芯，试样长度通常不小于300m或按合同要求。

3. 试验装置

渗水试验装置为压力容器、自动压力控制系统，图6-16所示为渗水试验示意图。

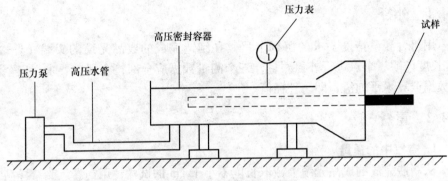

图6-16　渗水试验示意图

4. 试验要求

在规定的压力下，保持规定的时间，海缆纵向渗水距离不超过规定的长度。

5. 试验程序

步骤一：装夹样品。

将样品头端逐层剥除10mm长度，使缆芯各层充分暴露，将缆芯置于压力容器中，伸入长度应不小于1m。在容器内应加入荧光剂或其他可容易检出的有色染剂（所选用的荧光染料应不与任何光缆组成元件发生化学反应）。锁紧压力容器密封装置。

步骤二：试验过程。

将试验参数输入控制系统，起动压力设备，对压力罐内增压至规定的水压，保持时间为14天，然后将压力降至零。

步骤三：试验结果分析。

试验后样品继续保持在压力为零的压力罐中，对缆芯样品进行渗水长度解剖检测。截缆时应先从规定合格的长度向受水压端进行，直至截到有水出现的位置，计算渗水长度。单向渗水长度应符合有关规定的要求。

6.5　环境性能

海底光缆在其实际应用环境中，会受到各种恶劣自然环境条件的作用或人为因素的影响，环境性能试验的目的是模仿海缆在海水中的实际使用条件，测量由于温度及其他环境因素变化而引起的光缆中光纤的附加衰减变化，以确定海缆经受环境变化的衰减稳定特性，保证海缆在实际使用环境中长期安全可靠。

温度循环是海缆环境性能试验的重要试验之一。海缆在贮存、敷设和使用过程中，海缆中光纤的衰减随着环境温度的变化而变化，这主要是由于光缆加强件与各护层之间热膨胀系数差异引起光纤弯曲和拉伸造成的。衰减与温度关系的测量试验条件应在最恶劣的温度条件下进行。

1. 试验目的

温度循环试验可以用来监测海缆在储存、运输和使用中温度变化时的特性，也可以检查在选定的温度范围内衰减稳定性与光缆结构中光纤基本情况及有微弯情况的关系。因此海缆的温度循环试验条件应尽可能与其正常使用条件相似。

2. 试验样品

海缆温度循环试验样品应采用成品海缆，但这需要采用大容积温度箱，鉴于海底光缆金属元件较多，缆的线胀系数较低，故国内多采用缆芯替代整盘海缆进行试验。

3. 试验装置

一台满足试验要求的温度循环箱和用于监测光性能变化的光学测试仪器（光源、光功率计、OTDR、光开关等）。

4. 试验要求

为了消除弯曲半径对光纤在不同温度下产生的不适应（高温膨胀、低温收缩会导致光纤在光缆中的滑动），试样应松绕成圈（模拟海缆工作时的自由状态）或绕在弯曲半径足够大的缆盘上（缆盘需能承受试验的高低温环境）并放入温度箱。为了达到衰减测量所需要的精度，保证光纤能获得较好的测量稳定性和重复性，建议海底光缆温度循环试样长度应不小于1km。

如果试样长度不足1km（单根光纤的长度不足），为了获得较理想的试验结果，则可以将几根光纤串联起来进行测量，试验时应将连接光纤的接头置于温度箱外。

试验中温度箱的升温和降温速率应不大于40℃/h。

当光缆中光纤数少于12芯时，监测全部光纤。当光缆中光纤数大于12芯时，将随机监测12芯。

5. 试验程序

步骤一：装载样品。

试样应在温度（25±5）℃，湿度不大于50%的环境条件下2倍于规定保温的时间，进行预处理（至少放置24小时），试验前应检查试样外观完好。

将处理好的试样放入与室温相同的温度箱内，将试样的两个端头从温度箱的监测孔中引出。

步骤二：连接光性能测试系统。

将试样头端（缆盘上的外端）光纤接入相应的光学测量系统，在各个测试系统中设定测试参数，并以此测试参数进行试验全过程监测。

步骤三：试验及测试过程，如图 6-17 所示。

1）在环境温度下各测试仪器测量试验前数据为 P_0；

2）以规定的降温速率将温度箱的温度降至规定的低温 T_A；

3）保持温度箱低温至规定的时间 t，测试试验中数据为 P_1；

4）以规定的升温速率将温度箱的温度升至规定的高温 T_B；

5）保持温度箱高温至规定的时间 t，测试试验中数据为 P_2；

6）以规定的降温速率将温度箱的温度降温至环境温度值，测试试验后数据为 P_3。

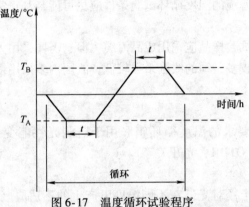

图 6-17　温度循环试验程序

以上试验过程构成了一个温度循环，除非另有规定，海缆试样的温度循环试验应最少进行两个循环。

步骤四：试验结果及评定。

试验中光性能变化（低温时）= 低温保温时间到达时的测试值 P_1 – 环境温度下光性能测试值 P_0

试验中光性能变化（高温时）= 高温保温时间到达时的测试值 P_2 – 环境温度下光性能测试值 P_0

试验后光性能变化 = 试验后（环境温度值）光性能测试值 P_3 – 试验前（环境温度值）光性能测试值 P_0

6.6　鉴定检验和质量一致性检验

为了确保海底光缆新产品技术性能以及批量生产的质量一致性，国内海底光缆在研制和生产过程中需要进行鉴定检验和质量一致性检验。

6.6.1　鉴定检验

1. 鉴定检验的目的

将合格产品的设计结构、工艺流程、使用原材料等一整套过程进行固化，以保证后续批量生产的顺利实施。

2. 实施鉴定检验的条件

新产品进行批量生产前，在摸底检验的基础上，应按产品最合理的设计、工艺流程、生产原材料等要素进行首件生产，并提交首件鉴定检验，待首件合格后，再进行批量化生产。

任何已投入批量生产的产品，如果其主要结构、工艺流程、使用原材料等变更或停产1年后恢复生产，则应进行鉴定检验。海缆鉴定检验项目见表6-1。在鉴定检验过程中，出现任何一项不合格，则鉴定检验不合格。鉴定检验不合格意味着生产方不能进行批量生产。

6.6.2　质量一致性检验

1. 质量一致性检验的目的

为了控制产品生产质量的稳定、可靠和一致。质量一致性检验分为逐批检验和周期检验。逐批检验由A组检验和B组检验组成，周期检验由C组检验组成。计数抽样检验应符合相关标准的规定。海缆质量一致性检验项目见表6-1。

2. 实施逐批检验的条件

A组检验为交货检验。实施的条件是抽样方案应采用100%全数检验，不合格品率应为0，若样本单位中的试样在A组检验的任意检验项目中失效，则该样本单位不能按合同或订单交货。

B组检验同为交货检验。实施的条件是如果检验批A组检验被拒收，则承制方可用B组检验筛除有缺陷的产品，并重新提交复验。对重新提交的检验批应采取加严检验，对重新检验批应清晰标明为复验批，并与新的检验批严格分开。

B组检验为质量控制检验，对产品的关键特性进行检验。抽样方案按相关规定进行。

3. 实施C组检验的条件

连续批量生产的产品，每年的首批或连续批的首件应进行C组检验，若C组检验出现不合格项，则C组检验不合格。

订购方根据产品的质量情况，可以对全部或部分项目进行检验或免检。

若提交批未通过质量一致性检验，则该批产品做拒收处理，承制方应采取纠正措施并按GJB 367A—2001中的规定进行产品的再提交。

表6-1 检验项目表

序号	检验项目	鉴定检验	质量一致性检验			检验试样的数量和长度
			A	B	C	
1	外观和结构	●	●	—	—	2根，每根2m
2	衰减常数	●	●	—		全部光纤，制造长度
3	衰减均匀性	●	●	—		
4	筛选应变	●	●	—		
5	工作拉伸负荷	●	—	●	—	1根，50m
	短暂拉伸负荷	●	—	●	—	
	断裂拉伸负荷	●	—	—	●	
6	反复弯曲	●	—	—	—	2根，每根10m
7	冲击	●	—	—	—	
8	抗压	●	—	—	—	
9	外径	●	—	●	—	2根，每根1m
10	重量	●	—	●	—	
11	渗水	●	—	—	●	1根，1500m
12	温度循环	●	—	—	●	1根，缆芯
13	直流电阻	●	●	—	—	1根，制造长度
14	绝缘电阻	●	●	—	—	
15	直流电压	●	●	—	—	

　　以上试验项目主要是目前国内海底光缆检验、验收时的必检项目，按照ITU及环球接头联盟（UJC）的UJ/UQJ认证的相关要求，还需进行扭矩拉伸试验、疲劳试验、滑轮试验、光缆内层黏附试验等，这些试验有待国内增加进一步研究。

第 7 章

海缆用主要原材料

7.1 概述

海缆原材料除了光纤外，在功能上可分为光纤松套管材料、增强材料、阻水材料、护层材料及供电材料等，主要包括不锈钢带、铠装钢丝、填充膏、聚乙烯护套料及铜带等。所有原材料基本上都用于保护光纤，使其在整个海缆设计寿命期间免受水压、纵向水渗透、氢损及海水侵蚀的影响，确保在敷设和工作时光纤性能保持稳定、可靠。这就要求各种材料各司其职，各尽其责，保证海缆具有良好的抗拉、抗压和耐海水侵蚀性能，且材料间具有良好的相容性。目前海缆用材料基本上都有产品标准，因而在选用时应尽量采用有标准的材料。

7.2 松套管材料

7.2.1 不锈钢管用材料

目前海缆用光单元大部分为光纤不锈钢松套管，所用材料为不锈钢。不锈钢按金相组织可分为奥氏体（Austenite）不锈钢、马氏体（Martensite）不锈钢、铁素体（Ferrite）不锈钢等。奥氏体是钢铁的一种层片状的显微组织，通常是在 $\gamma-Fe$ 中固溶少量碳的无磁性固溶体，也称为沃斯田铁或 $\gamma-Fe$。奥氏体的名称来自英国的冶金学家罗伯茨·奥斯汀（William Chandler Roberts-Austen）。奥氏体因为是面心立方晶格，四面体间隙较大，所以可以容纳更多的碳。其塑性很好，强度较低，具有一定韧性，不具有铁磁性，有非常好的防锈、耐蚀性能。奥氏体不锈钢1913年在德国问世，在不锈钢中一直起着最主要的作用，其生产量和使用量约占不锈钢总量及用量的70%，牌号也最多。

在不锈钢中奥氏体是最易成型的，它虽比别的种类钢加工硬化剧烈，但是可以成功地予以剧烈变形而不开裂，经过退火的奥氏体钢有45%~55%的伸长率和55%~70%的断面收缩率。最常用的奥氏体合金为 ASTM 300 系列（ASTM 为美国材料与试验协会标准）。

光纤不锈钢松套管由不锈钢带采用激光焊接而成。对不锈钢带的基本要求是耐海水侵蚀、硬度大、伸长率高，另外还容易加工。国内外多采用的是 304 奥氏体不锈钢或 316L 奥氏体不锈钢。304 奥氏体不锈钢具有较高稳定性和很好的耐蚀性，是最普遍生产的不锈钢，有"面包和奶油"合金的称号；316 奥氏体不锈钢添加钼元素使其获得一种抗腐蚀的特殊结构，较之 304 奥氏体不锈钢具有更好的抗氯化物腐蚀能力，因而也作"船用钢"使用。牌号中带有 L 的为低碳型合金，它们更耐蚀，更容易热处理。海底光缆用不锈钢带外观要求表面平整，厚度一般要求为 0.15 ~ 0.3mm，按照 GB/T 3280—2015《不锈钢冷轧钢板和钢带》的要求，其化学成分要求见表 7-1，主要力学性能要求见表 7-2。

表 7-1　不锈钢带化学成分

元素	C	Si	Mn	P	S	Ni	Cr
质量分数（%）	≤0.08	≤0.75	≤2.0	≤0.045	≤0.03	8.0 ~ 10.5	18 ~ 20

表 7-2　不锈钢带力学性能

项目	塑性延伸强度/MPa	抗拉强度/MPa	断后伸长率（%）	硬度 HRB
要求	≥240	≥550	≥45	≤95

7.2.2　塑料松套管用材料

用作光纤塑料松套管的材料有聚对苯二甲酸丁二醇酯（PBT）、聚丙烯（PP）和聚碳酸酯（PC）等。工程塑料 PBT 以其优良的力学性能（如拉伸性能、弯曲性能、冲击性能）、热稳定性、尺寸稳定性、耐化学腐蚀性以及与光纤用填充油膏和光缆用阻水油膏很好的相容性而被广泛使用，早在 20 世纪 90 年代就开始使用，海底光缆用塑料松套材料多选择 PBT。

PBT 材料由对苯二甲酸和 1、4 – 丁二醇在催化剂的作用下产生酯化反应，生成对苯二甲酸双烃丁酯，再缩成聚对苯二甲酸丁二醇酯，或者由 PBT 低聚合物在有双官能团的柔顺性高分子扩链剂的作用下，扩链生成高分子 PBT。

PBT 材料是一种特性与高聚物的相对分子质量密切相关的材料，当 PBT 材料的相对分子质量足够大时，材料的拉伸强度、弯曲强度、冲击强度、弹性模量就高。PBT 松套管就有优良的耐轴向拉力、耐径向侧压力和耐冲击力，可对光纤提供最好的保护。

PBT 材料的线胀系数 $\leq \times 10^{-4} K^{-1}$，因此，从理论上来说 PBT 材料有良好的尺寸稳定性。但是 PBT 材料为半结晶性材料，在相对分子质量一定的情况下，材料的结晶度决定了材料的性能，结晶度高，材料的尺寸稳定性好，后收缩小。而材料的结晶度直接取决于材料的加工条件。由于 PBT 材料的熔体流动性好，结晶速度快，成型周期短，因此在合理的制作工艺下，性能合格的 PBT 材料能保证其良好的尺寸稳定性，使松套光纤的余长控制较好。另外，结晶度对材料的其他性能也有影响。结晶度越高、力学性能越好、热变形温度越高、吸湿性越低、动态摩擦因数越低，但伸长率也会有所降低。

PBT 材料为酯类高聚物，有酯类高聚物的特性。PBT 材料有良好的耐溶剂、耐油、耐化学腐蚀特性，与光纤填充油膏和光缆填充油膏有很好的相容性。

相较于不锈钢管结构，海底光缆中采 PBT 材料的主要优点有连续的挤出工艺不会因焊接产生的焊缝引起可靠性问题、不会被腐蚀从而可避免产生氢的可能、易于产生大余长、价格更便宜等。

按照 GB/T 20186.1—2006《光纤用二次被覆材料 第 1 部分：聚对苯二甲酸丁二醇酯》，PBT 材料的主要性能指标见表 7-3。

表 7-3 PBT 材料的主要性能指标

序号	项目名称	指标
1	密度/(g/cm^3)	1.25 ~ 1.35
2	熔点/℃	210 ~ 240
3	熔融指数（230℃，2160g）/（g/10min）	7.0 ~ 15.0
4	饱和吸水率（%）	≤0.5
5	屈服强度/MPa	≥50
6	屈服伸长率（%）	4.0 ~ 10
7	断裂伸长率（%）	≥50
8	拉伸弹性模量/MPa	≥2100
9	弯曲弹性模量/MPa	≥2200
10	弯曲强度/MPa	≥60
11	邵氏硬度 HD	≥70
12	线胀系数（23~80℃）/（$10^{-4}K^{-1}$）	≤1.5
13	体积电阻率/（$\Omega \cdot cm$）	≥1×10^{14}

7.3 光纤油膏

前文说过，光纤对水和潮气产生的氢氧根极为敏感。水和潮气扩散、渗透至光纤表面时，就会促使光纤表面的微裂纹迅速扩张，致使光纤强度下降，同时水与金属材料之间的置换化学反应产生的氢会引起光纤的氢损，导致光纤的光传输损耗增加，从而影响光缆的使用寿命。为了防止水和潮气渗入光缆，需要往松套管内纵向注入纤用阻水油膏（Fiiling Compounds），并沿缆芯纵向的其他空隙填充缆用阻水油膏（Flooding Compounds），旨在防止各护层破裂后水向松套管和缆芯纵向渗流。

填充油膏按其在光缆中的使用部位可分为两类，光纤松套管中填充的油膏称作光纤油膏，填充在光缆其他部分的油膏称为缆膏。纤用油膏应具有良好的化学稳定性、温度稳定性、憎水性、含气泡少，与光纤和松套管材料相容性好，并且对人无毒无害等。光纤油膏对松套管中光纤的作用主要有两个，除了防止潮气侵蚀光纤外，还有一个是对光纤起缓冲保护作用。

光纤油膏是将一种或几种胶凝剂分散到一种或几种基础油中，从而形成一种稠黏性的触变性膏体。为了改善有关性能，还需要加入少量的抗氧剂或其他添加剂。纤膏是一种白色半透明的膏状物，其有三个主要的组成部分，即基础油、胶凝剂及抗氧剂。基础油是光纤油膏的基材，其占油膏的质量比为 70% ~ 90%，纤膏的一些重要性能，如低温柔软性及挥发度等主要由基础油的性能所决定；胶凝剂是一类增稠触变剂，它占纤膏质量的 5% ~ 20%，它的作用是将流动的基础油变成不流动的触变性油膏。抗氧剂的量一般在油膏中不会超过 1%，它的作用是阻止碳氢化合物在空气中发生氧化反应，这种氧化反应会使油膏性能恶化或析氢，从而影响光纤的性能。

光纤油膏所具有的最基本特性就是触变性。所谓触变性是指当施加一个外力时，光纤油膏在剪切力的作用下黏度下降，呈现流动性，但当外力去除后处于静止状态时，经过一段时间黏度恢复，又回到不会流动的黏稠态，但不一定恢复到原来的黏度和稠度。光纤油膏的触变性对光纤松套工艺和成缆后对松套管中光纤的机械保护作用很大，在光纤油膏被泵抽入到不锈钢松套管（或 PBT 松套管）的过程中，在机械泵作用下光纤油膏在一定的剪切速率下黏度迅速下降，油膏变成流动性良好的流体，可以均匀而稳定地充入松套管。当松套管成型后，作用在油膏上的外力消失，油膏逐渐回复到黏稠状态，不会流动。在光缆制造过程中或光缆在敷设使用中，当光纤受到弯曲、振动、冲击等外力作用，导致光纤在平衡位置附近振幅和周期极小的晃动时，其晃动力作用到周围的光纤油膏使油膏黏度下降，从而对光纤起到缓冲保护作用，而不会使光纤受到僵硬的反作用力而致微弯损耗。

光纤油膏使用温度通常在 -40 ~ 80℃，最基本的使用要求是光纤油膏有较低的屈服应力，在低温下有足够的柔软性，同时要有低的油分离，保证在 80℃ 高温时油膏不能从光缆中滴出。

光纤油膏的另一个重要指标是锥入度，它是油膏稠度（即软硬程度）的度量，其测量方法为：在规定的温度和载荷下，锥入度计的标准圆锥体（质量为 150g）在 5s 内垂直沉入油膏试样的深度，称为锥入度，以 1/100mm 为单位。锥入度越大，稠度越小，反之亦然。

光纤油膏的主要性能要求有：①要有较高的锥入度，而且要有较宽的温度窗口，以适应不同的应用环境；②光纤油膏性能要稳定，不能有油分离，加工过程中挥发度低；③要严格控制光纤油膏的含水量和析氢指标；④要有较高的氧化诱导期；⑤严格控制光纤油膏黏度，既要有利于高速加工的工艺，又要能通过光缆的滴流试验；⑥应控制酸值指标。

在采用不锈钢管结构海底光缆时，目前采用更多的是吸氢油膏。这主要是为了消除纤膏和不锈钢的不相容性及焊接工艺产生的氢气。此外，不锈钢带厂在生产过程中需通入氢气进行热处理，虽然随着时间推移 H_2 会慢慢扩散，浓度降低，但难免存在残余氢气。吸氢纤膏在保留普通纤膏的性能的同时加入吸氢剂，使其具有吸氢功能。吸氢剂是归属于吸气剂类的一种用于吸收或消除氢气的特殊物质，也称消氢剂，可有效吸留产生的氢分子。该种油膏采用吸氢配方，可以在有氢气的时候瞬间将氢气吸附，从而减小产生氢损的可能。此外，对于深海高水压环境下使用的油膏，为考虑海缆的渗水性，还应选择黏度更高的耐高水压的油膏。

在海缆中光纤松套管的所有材料相容是非常重要的。材料相容是相互的，光纤松套管中光纤和松套管材料（不锈钢管和塑料管）是固定的，不可选，所以只有光纤油膏向它们看齐。光纤油膏与光纤及不锈钢管或 PBT 管的相容性已经过多年验证，并制订了产品标准 GJB 2454B—2011《军用光缆填充膏》，所以光纤油膏采用符合标准规定的材料非常关键。光纤油膏的主要性能见表 7-4。

表 7-4　光纤油膏主要性能

	项目及试验条件		要求值
1	密度/（g/cm³）		≤0.9
2	针入度/（1/10mm）	(25 ± 5)℃	400 ± 30
3		(−40 ± 1)℃	280
4	滴点/℃		≥220
5	闪点/℃		≥200
6	油分离（80℃，24h）（%）		0
7	挥发度（80℃，24h）（%）		≤1
8	析氢量（80℃，24h）/（μL/g）		≤0.02
9	氧化诱导期（190℃）/min		≥30
10	含水量（%）		≤0.03
11	酸值/（mg·KOH/g）		≤0.1

7.4　导体材料

导体材料一般是金属材料，如铜、铁、铝、银等；也有非金属材料，如碳；

还有一些超导体是用非金属材料合成的。海底光电复合缆供电的导体通常选用铜或铝。就载流量而言，铜比铝高。尽管铜的价格要高于铝，但大多数海缆均采用铜导体。选用铜可以实现较小的导体截面，进而减少外层材料。另外，铝的耐蚀性差，且铝导体如果与海水接触，则会产生氢气，进而会对光纤衰减造成影响，因此在海底光缆中多使用铜。国外有电力工程采用在水下部分用铜导体，登陆段则用铝导体，铜和铝连接在一起使用的。国内早期的海底光缆中也有采用铝管的，但现在已基本都采用铜管了。

7.4.1　铜导体

铜的主要特点如下：

1）导电性好，仅次于银；

2）导热性好，仅次于银和金；

3）塑性好，易加工；

4）耐蚀性好，铜在干燥空气中具有较好的耐蚀性，但在潮湿空气中表面易生成有毒的铜绿；铜与盐酸或稀硫酸基本上不反应；

5）易于焊接；

6）力学性能较好，有足够的抗拉强度和伸长率。

电线电缆用铜以阴极铜或铜线锭供应。阴极铜供作熔铸铜线锭或直接用于连铸连轧，浸涂成型以及上引法新工艺生产光亮铜杆或无氧铜杆；铜线锭用以压延成杆或型材。线缆用铜及铜线材的主要物理力学性能见表7-5。

表7-5　铜及铜线材的主要物理力学性能

项目	要求值
密度（20℃）/（g/cm³）	8.9
熔点/℃	1084.5
热导率/［W/（m·K）］	386
线胀系数（20°）/℃$^{-1}$	17×10^{-6}
电阻率（20°）/（Ω·m）	$(1.724 \sim 1.777) \times 10^{-8}$
弹性模量（20°）/MPa	12000
屈服极限/MPa	300~350（硬态）
	70（软态）
抗拉强度/MPa	271~421（硬态）
	206~275（软态）
伸长率（%）	0.7~1.4（硬态）
	10~35（软态）

海底光缆用铜导体除了线材外，还有带材。铜带表面应光滑、清洁，不应有裂纹、起皮、气泡、夹杂、起刺、压折和严重划痕。带材的两边应切齐、无毛刺、裂边和卷边。按照 GB/T 2059—2008《铜及铜合金带材》的规定，铜带的化学成分应不低于 TU1 的规定。铜带的力学性能见表7-6。

表7-6 铜带力学性能参考值

要求项目	抗拉强度/MPa	断后伸长率（%）	硬度 HV
要求值	≥195	≥30	≤70

7.4.2 铝导体

线缆用铝的主要特点如下：

1）导电性好，仅次于银、铜、金，居第四；

2）导热性良好；

3）密度小，约为铜的1/3；

4）耐蚀性良好，铝在空气中与氧反应，很快会生成一层致密的氧化铝膜，可防止进一步氧化；

5）塑性好；

6）价格便宜。

铝及铝线材的主要物理力学性能见表7-7。

表7-7 铝及铝线材的主要物理力学性能

项目	要求值
密度（20°）/（g/cm^3）	2.7
熔点/℃	658~660
热导率（20℃）/[W/(m·K)]	218
线胀系数（20~100℃）/℃$^{-1}$	23×10^{-6}
电阻率（20℃）/（Ω·m）	$(0.28 \sim 2.86) \times 10^{-8}$
弹性模量（20°拉伸）/MPa	60000~70000
抗拉强度/MPa	147~176（硬态）
	93~97（半硬态）
	<98
伸长率（%）	15~20（软态）

7.5 聚乙烯护套料

护套材料是光电线缆中最重要的结构部件之一，它关系到光电线缆在敷设环境下对环境的适应性及其在使用寿命期内光电缆传输性能的长期稳定性。光电线缆中常用的塑料有聚氯乙烯、聚乙烯、交联聚乙烯、泡沫聚乙烯、氟塑料、聚酰胺、聚丙烯和聚酯塑料等，海底光缆护套料多采用聚乙烯塑料。

聚乙烯（Polyethylene，PE）树脂是由乙烯聚合或乙烯与少量 α - 烯烃共聚合所制成的高聚物。聚乙烯塑料（Polyethylene Plastics）是以聚乙烯树脂为基材再配以适当的添加剂，如抗氧剂、润滑剂、改性剂和填充剂等物质所组成的。聚乙烯是一种热塑性塑料，只含有碳和氢两种元素的高分子碳氢化合物，包含 $CH_3 - (CH_2)_n - CH_3$ 分子长链。该材料为极性和半结晶质，外观为乳白色，薄时半透明，厚时不透明，表面呈腊状，具有优异的介电性能。

1933 年英国帝国化学工业公司（ICI）发现乙烯在高压下可聚合生成聚乙烯。此法于 1939 年工业化，通称为高压法。1939 年 ICI 公司首先将其应用于电缆的绝缘材料。1953 年联邦德国 K. 齐格勒发现以 $TiCl_4 - Al\ (C_2H_5)_3$ 为催化剂，乙烯在较低压力下也可聚合，并由联邦德国赫斯特公司于 1955 年投入工业化生产，通称为低压法聚乙烯。20 世纪 50 年代初期，美国菲利浦石油公司发现以氧化铬 - 硅铝胶为催化剂，乙烯在中压下可聚合生成高密度聚乙烯，并于 1957 年实现工业化生产。20 世纪 60 年代，加拿大杜邦公司开始以乙烯和 α - 烯烃用溶液法制成低密度聚乙烯。1977 年，美国联合碳化物公司和陶氏化学公司先后采用低压法制成低密度聚乙烯，称作线形低密度聚乙烯。

聚乙烯树脂作为聚乙烯塑料的主体，在很大程度上决定着聚乙烯塑料的基本性能，而聚乙烯的基本性能则是由乙烯聚合的方法和条件所决定的。由于乙烯聚合方法的不同，所得到的聚乙烯分子结构就会不同，并决定了性能的差异，这种性能的差异与聚乙烯的密度有极密切的关系。低密度聚乙烯（LDPE）密度在 $0.915 \sim 0.930 g/cm^3$；中密度聚乙烯（MDPE）密度约为 $0.931 \sim 0.940$；高密度聚乙烯（HDPE）密度约为 $0.941 \sim 0.965$。聚乙烯树脂的电绝缘性能较好，且很少受相对分子质量的影响，力学性能适中，故可直接作为光电线缆的绝缘或护套材料。但是，为了提高它的性能，线缆用聚乙烯塑料除聚乙烯树脂外，还添加各种配合剂制成符合线缆使用要求的聚乙烯塑料。

光电线缆常用的聚乙烯塑料有：

（1）一般绝缘用聚乙烯塑料　塑料仅由聚乙烯树脂和抗氧剂（用量为 0.1 ~ 0.5 份）所组成。其熔融指数通常在 2.0 以下，当用于高速加工及薄绝缘时，常采用 0.3 以下。密度一般 $0.917 \sim 0.930 g/cm^3$。

（2）耐候聚乙烯塑料　主要由聚乙烯树脂、抗氧剂和炭黑组成。耐候性能的好坏取决于炭黑的粒径、含量和分散度，要求炭黑的粒径在 35nm 以下，炭黑的含量在 2 ~ 3 份。

（3）耐环境应力龟裂聚乙烯塑料　当采用熔融指数为 2.0 的聚乙烯塑料作为电缆护套时，在电缆弯曲半径较小，并接触一些诸如洗涤剂、化学试剂、肥皂水等场合下，常会使护套产生龟裂。所以，使用在上述场合的电缆，应采用耐环境应力龟裂性能较好的聚乙烯塑料，如采用熔融指数在 0.3 以下，相对分子质量分布不太宽的聚乙烯；或在聚乙烯树脂中掺和有乙丙橡胶、丁基橡胶、聚异丁烯等物质组成聚乙烯复合物；或将乙烯和其他单体，如乙烯和丁烯、乙烯和乙烯、乙烯和脂酸乙烯等共聚物；或对聚乙烯进行辐照或化学交联。目前用于线缆护套时，常采用前两种方法来改善聚乙烯耐环境应力龟裂性能，尤其是第一种方法较简便，拉伸强度也较高。

（4）高电压绝缘用聚乙烯塑料 聚乙烯树脂本身虽然具有较高的耐电强度，但用作高压电缆时，在长期的较高电压作用下，绝缘会破坏。这是由于聚乙烯中存在杂质、孔隙以及氧化老化时产生的局部缺陷，这种缺陷部分即使在较低的外加电压下也会产生局部应力，引起局部放电，产生树枝状孔道，最终使绝缘层破坏，所以高压用电缆绝缘的聚乙烯塑料要求高度纯净，还需添加电压稳定剂和采用特殊的挤塑机（机头、机身能抽真）避免产生气孔，以抑制树枝状放电，提高聚乙烯的耐电弧、耐电蚀和耐电晕性。

（5）半导电聚乙烯塑料 在高压或超高压塑料绝缘电缆中，在导电线芯和绝缘之间往往存在空隙而产生局部放电，并导致绝缘电老化，影响电缆的长期稳定性。为减少局部放电现象，在导电线芯和屏蔽之间，绝缘层和外护层之间，必须采用半导电层进行屏蔽，对导电线芯屏蔽的称为内屏蔽层，对绝缘屏蔽的称为外屏蔽层。当采用聚乙烯绝缘时宜采用半导电聚乙烯塑料作屏蔽，而对交联聚乙烯绝缘的应采用半导电交联聚乙烯塑料作屏蔽。半导电聚乙烯塑料是在聚乙烯中加入导电炭黑获得的，一般应采细粒径、高结构的炭黑，导电炭黑的用量一般为每 100 份聚乙烯加 40 份炭黑。

（6）热塑性低烟无卤阻燃聚烯烃电缆料 该种电缆料是以聚乙烯树脂为基料，加入优质高效的无卤无毒阻燃剂、抑烟剂、热稳定剂、防霉剂、着色剂等改性添加剂，经混炼、塑化、造粒而成，不含有任何卤素、重金素和磷元素。不仅具有优良的力学性能、电性能、阻燃性能，还有良好的加工工艺性。

（7）交联聚乙烯 聚乙烯在高能射线或交联剂的作用下，能使线形的分子结构变成体形（网状）的分子结构，使热塑性材料变成热固性材料。交联聚乙烯与一般聚乙烯相比，它可以提高耐热变形性，改善高温下的力学性能，改进耐环境应力开裂性能和耐老化性能，增强耐化学稳定性和耐溶剂性，减少冷流性，而电气性能基本保持不变。用交联聚乙烯作绝缘材料的电缆，长期工作温度可提高到 90℃，瞬时短路温度达 170～250℃，是电线电缆绝缘的优质材料。

可以说聚乙烯种类繁多，且在光电线缆工业中获得了极为广泛的应用，无论是电力电缆还是通信光电缆，无论是绝缘材料还是护套材料，无论是屏蔽材料还是阻燃材料，聚乙烯都是主要选用的材料之一。聚乙烯具有电气性能卓越，机械强度适中，不需添加增塑剂，挤出和加工中没有有毒气体释出，比重小，易于加工,耐化学腐蚀性、耐水性、耐老化性优良,水蒸气透过率小,低温下力学物理性能优越,能在低达 −70℃ 的低温条件下使用,不脆裂,不硬化而特别受到光、电线缆行业的青睐,既可作绝缘又可作护层。

不同密度的聚乙烯都具有优良的电气性能,较适合电缆和光缆的要求,相对来说密度低的柔软性较好、加工容易;密度高的机械强度较高、刚性较大、耐热性较好,但加工性能较差、能耗较大,所以电缆/光缆会根据使用要求及特性选择所需的密度。需要注意的是,若聚乙烯制品在受应力的状态下或成型加工时残留有内应力,则当接触某种液体或蒸气时常会发生龟裂,即环境应力开裂。一般相对分子质量越小,聚乙烯开裂的倾向越显著。同样的相对分子质量,相对分子质量分布大的较易开裂,海底光缆的外护套一般采用含有炭黑的熔融指数小于0.3 的高密度聚乙烯。此外,聚乙烯环境应力开裂性能的好坏与成型加工时的工艺条件也有一定关系,因而要获得较好的耐环境应力开裂性能,充分塑化的工艺条件必不可少,另外,成型加工时应尽量避免产生残留内应力,否则会因其存在而可能加速开裂。

表 7-8、表 7-9 给出了 GB 15065—2009《电线电缆用黑色聚乙烯塑料》相关聚乙烯料分类及性能指标。

表 7-8　产品分类

类别	代号	名称	主要用途
护套料	NDH	黑色耐环境开裂低密度聚乙烯护套料	用于耐环境开裂要求较高的通信电缆、控制电缆、信号电缆和光缆的护层,最高工作温度为70℃
	LDH	黑色线性低密度聚乙烯护套料	
	MH	黑色中密度聚乙烯护套料	用于通信电缆、光缆、海底电缆、电力电缆等的护层,最高工作温度为90℃
	GH	黑色高密度聚乙烯护套料	
绝缘料	NDJ	黑色耐候低密度聚乙烯绝缘料	用于1kV 及以下架空电缆或其他类似场合,最高工作温度为70℃
	NLDJ	黑色耐候线性低密度聚乙烯绝缘料	
	NMJ	黑色耐候中密度聚乙烯绝缘料	用于10kV 及以下架空电缆或其他类似场合,最高工作温度为80℃
	NGJ	黑色耐候高密度聚乙烯绝缘料	

表 7-9　相关力学和电性能指标

序号	项目	NDH	LDH	MH	GH	NDJ	NLDJ	NMJ	NGJ
1	熔体流动速率/(g/10min) ≤	2.0	2.0	2.0	2.0	0.4	1.0	1.5	0.4
2	密度/(g/cm³)	≤0.940	≤0.940	0.940~0.955	0.955~0.978	≤0.940	≤0.940	0.940~0.955	0.955~0.978
3	拉伸强度/MPa≥	13.0	14.0	17.0	20.0	13.0	14.0	17.0	20.0
4	拉伸屈服应力/MPa≥	—	—	—	16.0	—	—	—	16.0
5	断裂伸长率（%）≥	500	600	600	650	500	600	600	650

（续）

序号	项目	NDH	LDH	MH	GH	NDJ	NLDJ	NMJ	NGJ
6	低温冲击脆化温度/℃	通过	通过	通过	通过	通过	通过	通过	通过
7	耐环境应力开裂/(F_0/h) ≥	96	500	500	500	500	96	500	500
8	200℃氧化诱导期/min≥	30				—			
9	炭黑含量（%）	2.60 ± 0.25							
10	炭黑分散度/级	3							
11	维卡软化点/℃ ≥	—	—	110	110			110	110
12	低温断裂伸长率（%）≥				175				175
13	介电强度 E_d/(kV/mm) ≥	25	25	25	25	25	25	35	35
14	体积电阻率/$(\Omega \cdot m)$ ≥	1×10^{14}							
15	介电常数 ε_r ≤	2.80	2.80	2.75	2.75			2.45	2.45
16	介质损耗角正切 $\tan\delta$ ≤	—		0.005	≤0.005	—		0.001	0.001

7.6　铠装钢丝

为了抵御光缆在敷设和使用中可能产生的轴向应力，保证光缆在所允许的应力作用下可靠工作，必须选用加强件来赋予光缆良好的抗拉、压扁和弯曲等力学性能。通常，用作光缆中的加强件有金属钢丝和非金属增强纤维。钢丝以抗拉强度大、弹性模量高、线胀系数小、热及化学性能稳定等性能而被广泛用作海底光缆增强材料。

海底光缆用钢丝除与电缆加强用钢丝类似外，还有一些特别的要求，例如首先是高强度和高模量，这可以有效降低海缆的重量外径；其次要求钢丝镀层完好，可以保证钢丝在长期使用中不受可能产生的潮气腐蚀，引起强度降低，特别是外层铠装钢丝镀层还要起到耐海水腐蚀的作用。

光缆用钢丝主要有磷化钢丝、镀锌钢丝、镀铜钢丝以及耐海水腐蚀的锌铝镁合金镀层钢丝和锌铝合金钢丝等。

内增强层多选用高强度的镀锌钢丝或磷化钢丝。锌是钢铁制品中应用最早、最广泛的金属防护层，镀锌层把钢基体与外界隔开，起到屏障保护作用，并且由于锌的电极电位比钢低，故在腐蚀环境中镀锌层作为阳极牺牲，而使作为阴极的钢基体得到保护。但后来发现锌与光缆填充化合物质的化学反应，特别是与水分、酸性物质接触时锌元素可能会置换出氢，有可能产生氢气。为了避免产生氢损，有时会用磷化钢丝代替镀锌钢丝，因为磷化钢丝是在高碳钢丝表面镀一层均匀、连续、牢固的磷层，所以磷化膜化学性质非常稳定，与光缆其他材料相容性好、寿命长，没有产生氢损的风险。钢丝弹性模量不小于190GPa，断裂伸长率不大于3%。内层钢丝的主要力学性能应满足表7-10的要求。

表7-10　钢丝主要力学性能

钢丝直径/mm	允许偏差/mm	拉伸弹性模量/GPa	抗拉强度/MPa
0.5~1.0	±0.01		≥2350
1.0~1.5	±0.02	≥190	≥2160
1.5~2.0	±0.03		
2.0~3.0			≥1770

外层铠装钢丝由于选用的外径越粗，其强度越高，绞合成缆时越不易成型，通常强度不会太高，因而多采用低碳钢丝或中碳钢丝。为了更好地满足耐海水腐蚀的性能，铠装钢丝需要镀层保护，目前主要包括镀锌钢丝、锌铝钢丝及锌铝镁合金镀层钢丝等。

锌铝镁合金镀层钢丝主要力学性能见表7-11，镀锌或锌合金钢丝力学性能见表7-12。

表7-11　锌铝镁合金镀层钢丝主要力学性能

型号	标称直径/mm	抗拉强度/MPa	伸长率（%）	扭转次数/360°
RDZAM – 2.0	2.0			≥30
RDZAM – 3.0	3.0	343~490	≥12	≥20
RDZAM – 4.0	4.0			≥15
RDZAM – 6.0	6.0			≥10
RZZAM – 2.0	2.0	I级		≥14
RZZAM – 3.0	3.0	1200 – 1350	≥4	≥14
RZZAM – 4.0	4.0	II级		≥14
RZZAM – 5.0	5.0	900 – 1200		≥14

表7-12　海缆铠装用镀锌或锌合金钢丝

规格	抗拉强度/MPa	伸长率（%）	扭转次数/360°
3.35			18
4.0			15
5.0			12
6.0	340~540	≥10	10
7.1			8
8.5			7
2.65	650~850	5	13
3.35~5.0		6	≥7

（续）

规格	抗拉强度/MPa	伸长率（%）	扭转次数/360°
2.12~2.8	850~1250	5	≥12
3.15~6.0		5	≥6
2.12~2.8	1250~1450	5	≥11
3.15~6.0		5	≥5
2.12~2.8	1450~1650	3.5	≥9
3.15~6.0		4	≥4
2.12~2.8	1650~1900	3	≥7
3.15~6.0		4	≥3

此外，还有涂塑钢丝，涂塑钢丝是在普通钢丝外涂覆一层高密度聚乙烯，其耐腐蚀性能比镀锌钢丝优越，涂塑钢丝的塑料涂层不应有裂缝及漏涂。

7.7　其他材料

7.7.1　光缆阻水膏

光缆阻水膏是用于光纤松套管之外部分的阻水材料，又称光缆膏，缆膏是由矿物油、丙烯酸钠高分子吸水树脂、偶联剂、抗氧剂、增黏剂等在一定工艺条件下制成的，是一种黄色半透明的膏状物。阻水膏的产品标准是 GJB 2454B，其主要技术要求见表 7-13。

表 7-13　缆膏主要性能

项目及试验条件		要　　求
锥入度/（1/10mm）	25℃	≥260
	−40℃	≥120
密度（23±2）℃/（g/cm³）		0.80~1.00
油分离（80℃，100℃，24h）（%）		≤2.0
蒸发损失（80℃，100℃，24h）（%）		≤2.0
滴点/℃		≥180
闪点/℃		≥200
含水量（%）		≤0.1
吸水时间（15g 油膏加 10g 水）/min		≤5
吸水率（25±3）℃（%）		≥300
析氢（80℃，100℃，24h）/（μL/g）		≤0.1
酸值/（mg KOH/g）		≤1.0
氧化诱导期（190℃，铝杯）/min		≥30

7.7.2 沥青

采用沥青保护海底光缆是一种比较古老而又有效的方式，浅海海缆在外铠装层间需要浇灌沥青，海缆沥青的主要技术要求见 GJB 4489 海底光缆通用规范，见表 7-14。

表 7-14 沥青的主要技术要求

项　目		要　求
软化点/℃		85
针入度/(1/10mm)		25 ~ 55
闪点/℃		≥260
垂度（70℃，5h）/mm		<60
冷弯试验（φ20mm，-10℃）		3/3 不开裂
黏附率（0℃）（%）		≥95
热稳定性 （200℃，24h）	软化点升高/℃	≤15
	针入度比（%）	≥85
剥离力 （200℃，24h）	聚丙烯绳/聚丙烯绳 N/25mm	≥20
	聚丙烯绳/钢丝 N	≥20
热滴流（75℃，4h）		无滴落痕迹
冻裂点（-25℃，4h）		3/3 不开裂
人造海水试验 剥离力比（聚丙烯绳/钢丝）（%）		≥80
大气暴露试验 剥离力比（聚丙烯绳/钢丝）（%）		≥80
海洋挂样试验 剥离力比（聚丙烯绳/钢丝）（%）		≥75

注：每升人造海水含氯化钠27g，氯化镁6g，氯化钙和氯化钾各1g，其 pH 值为 6.5 至 7.2。

参 考 文 献

[1] 俞德刚. 钢的组织强度学 [M]. 上海：上海科技出版社，1983.

[2] 陈炳炎. 光纤光缆的设计和制造 [M]. 3 版. 浙江：浙江大学出版社，2016.

[3] 徐应麟. 电线电缆手册第 2 册 [M]. 2 版. 北京：机械工业出版社，2009.

第 **8** 章

海底光缆有关标准

8.1 国际标准

国际上制订光纤光缆类电子产品标准的机构有两大组织，一个是国际电工委员会（IEC），一个是国际电信联盟电信标准化部（ITU-T）。IEC 主要制定有关工业产品的规范，目标是提供工业标准，以保证由不同制造商生产产品的性能、可互连性、兼容性等均能达到一定的质量要求，标准关注光纤光缆产品制造者的水平，侧重于产品的规范及测量方法。ITU-T 的主要工作目标是准备关于通信网络的建议，关注公用电信网运营者和传输系统制造者的要求，其建议被电信运营商作为使用光缆配置的指导，被生产厂家作为其产品所应达到的目标，侧重于产品的使用。但二者制订标准时应保持一致，双方都有联络员参加对方的会议。

海底光缆系统与其他光缆系统相比，是一个结构规范、相对独立、中继距离长的系统，ITU-T 关于海底光缆系统有着系列的标准，其系统标准与海底光缆产品标准紧密相关，包括系统通用特征、术语、中继系统及无中继系统特性、试验方法及海底光缆特性等。然而，尽管 IEC 关于光缆有一个较大的标准体系（总规范、室内光缆分规范、室外光缆分规范、沿电力线路架设的光缆分规范、用于气吹安装的微型光缆和光纤单元分规范等），但目前仍没有关于海底光缆的统一标准。

ITU-T 关于海底光缆系统的相关标准如下：

ITU-T G.971:2016《海底光缆系统通用特征》；

ITU-T G.972:2016《海底光缆系统相关术语的定义》；

ITU-T G.973:2016《无中继海底光缆系统的特性》；

ITU-T G.973.1:2009《用于无中继海底光缆系统具有前向纠错能力的 DWDM》；

ITU-T G.973.2:2011《用于无中继海底光缆系统具有单信道接口的多信道 DWDM》；

ITU-T G.974:2007《有中继海底光缆系统的特性》；

ITU-T G.976:2014《海底光缆系统试验方法》；

ITU – T G. 977 : 2015《光放大海底光缆系统的特性》；

ITU – T G. 978 : 2010《海底光缆的特性》。

其中，现行的 G. 971（海底光缆系统通用特征）有正文、附件 A 和资料性附录 I 等三部分内容。正文主要描述海底光缆系统各个建议间的关系，规定了海底光缆系统的一般特征，比如寿命长，可靠性高；力学性能要达到一定的要求，能够在海床和深达 8000m 深海进行安装，能够抵抗海底的水压、温度、磨损、腐蚀和水下生物，能够抵抗拖网和海锚的破坏，能够满足系统修复的要求；材料特性要达到一定的要求，使光纤能达到预定的可靠性和设计寿命，能承受固有损耗和老化的影响，特别是弯曲、拉伸、氢、腐蚀和辐射的影响；传输特性至少要达到 ITU – T 建议 G. 821 的要求。附件 A 是各种海底光缆系统制造、施工和维护技术实现方面的通用要求。制造要求包括两方面，一是海底光缆系统的质量要求，包括设计和技术资格、元件和组件的检验、制造检查和出厂测试；二是装配和装船程序。资料性附录 I 是各国海缆船和海底设备的有关资料。

G. 972（海底光缆系统相关术语的定义）主要包括海底光缆系统中的配置、系统、终端设备、海底光中继器和分支单元、海底光缆、制造施工及维护等方面术语的定义。

G. 973（无中继海底光缆系统的特性）由正文和附件 A、附件 B 组成，正文规定了系统性能特性、传输终端设备性能特性和海底光缆性能特性。附件 A 是无中继海底光缆系统的技术实现方法，根据传输距离的需要，给出六种系统配置。附件 B 是关于远泵光放大器和使用远泵光放大器的无中继海底光缆系统功率预算。

G. 974（有中继器海底光缆系统的特性）由正文和附件 A 组成。正文包括系统性能特性、传输终端设备性能特性、海底光缆性能特性和再生器的性能特性。附件 A 有再生器海底光缆系统的实现，包括对远供电源设备和再生器的要求。

G. 975. 1（高速 DWDM 海底光缆系统的前向纠错）由正文和附件构成，正文是关于超强 FEC 纠错能力、误码性能、编码增益、冗余度和时延等参数的描述。附件中提出了八种 FEC 方法，包括级联的 RS（255，239）和 CSOC（$n_0/k_0 = 7/6$，J = 8）、级联的 BCH（3860，3824）和 BCH（2040，1930）、级联的 RS（1023，1007）和 BCH（2047，1952）、级联的 RS（1023，1952）和扩展的 Hanming 码（512，502）×（510，500）、LDPC 码、级联的正交 BCH 码、RS（2720，2550）、级联的交织扩展 BCH（1020，988）码。

G. 976（海底光缆系统的试验方法）由正文、附件 A 和资料性附录 I 等三部分组成。正文规定了海底光缆系统的测试种类、测试对象和测试方法。附件 A 是海底光缆系统 Q 系数的定义。资料性附录 I 是海底光缆拉力余量、长期拉力和操作拉力的定义。现有的 G. 977（光放大海底光缆系统特性）由正文和附件 A

组成，正文包括系统性能特性、传输终端设备性能特性、海底光缆性能特性、中继器和分支器的性能特性。附件 A 主要是关于远供电方面的系统切换保护、人员安全防护、光中继器和分支器设计方面的内容。

G.978 标准包括正文和附录 I。正文内容包括海底光缆中光纤特性、海底光缆特性、备用缆特性、电气特性和光缆段传输特性，提出了光纤可采用 ITU－T G.652、ITU－T G.653、ITU－T G.654、ITU－T G.655、ITU－T G.656 等类型；海缆结构可为紧包结构和松包结构；海缆应在敷设深度上保护其免遭海中生物、鱼钩的损坏和磨损，防止外部环境及船只引起的损坏；根据保护的方式，海底光缆可分为轻型光缆（LW）、轻型保护光缆（LWP）、单铠光缆（SA）、双铠光缆（DA）和岩石铠（RA）光缆；定义了表征光缆力学性能及敷设、打捞、回收和维修能力的参数，即光缆断裂负荷（CBL）、短期拉伸负荷（NTTS）、工作拉伸负荷（NOTS）、永久拉伸负荷（NPTS）等。附件 I 是海底光缆的结构和相关信息，给出了紧包和松套两种光缆示例及不同保护类型海缆（LW、SA、DA）的典型结构示例。

有关光纤的标准，IEC 将光纤分为 A 类（多模光纤）和 B 类（单模光纤），但没有指出哪些可用在海缆中。ITU－T 则在 G.978 中明确了可用于海底光缆通信系统中光纤，分别是：

（1）非色散位移单模光纤（G.652）　SMF 光纤原先是在 1310nm 波长范围应用的最优光纤，其标称零色散波长接近 1310nm，SMF 光纤也可在 1550nm 波长范围。

（2）色散位移单模光纤（G.653）　DSF 光纤是在 1550 nm 波长范围应用的最优光纤，它的标称零色散波长接近 1550nm。

（3）截止波长位移单模光纤（G.654）　CSF 光纤是损耗最优化和截止波长位移单模光纤，最优应用波长范围为 1530～1625nm。

（4）非零色散位移单模光纤（G.655）　NZDSF 是在 1530～1565nm 波长范围应用的最优光纤，在 1550nm 附近有一个非零的色散值，该色散能减小对 DWDM 特别有害的非线性效应的形成。

（5）宽带非零色散单模光纤（G.656）　WNZDF 光纤是在 1460～1625nm 波长范围应用的最优光纤，它在该波长范围内有一个非零的色散值，该色散能减小对 DWDM 特别有害的非线性效应的形成。

（6）正色散单模光纤（PDM）　有一个在信号工作波长范围符号为正的色散值。

（7）负色散单模光纤（NDF）　有一个在信号工作波长范围符号为负的色散值。

（8）大有效面积单模光纤（LEF）　在信号工作波长下有一个增大的 A_{eff}。

（9）色散补偿光纤（DCF）　色散符号取决于系统的色散管理。

IEC 和 ITU – T 对光纤的分类代号表示完全不同，我国的光纤及光缆标准采用的是 IEC 标准，表 8-1 为 IEC 和 ITU – T G. 65X 海缆中用到的单模光纤类别的对应关系。

表 8-1　IEC 和 ITU – T G. 65X 光纤类别的对应关系

光纤类别	IEC 代号	ITU – T 代号（简）
非色散位移单模光纤	B1. 1	G. 652A、G. 652B
	B1. 3	G. 652C、G. 652D
色散位移单模光纤	B2	G. 653A、G. 653B
截止波长位移单模光纤	B1. 2	G. 654B、G. 654C
非零色散位移单模光纤	B4	G. 655C、G. 655D、G. 655E
宽带非零色散单模光纤	B5	G. 656

8.2　国内标准

海底光缆与系统的相关性强，其工程建设也是如此，国内不仅有海底光缆的产品标准，还有系统和工程设计方面的相关标准。同时，海底光缆接头盒作为海缆的附件，我国也对其制定了相关标准。这些标准如下：

GJB 4489—2002《海底光缆通用规范》；

GJB 5652—2006《海底光缆接头盒规范》；

GJB 5654—2006《军用无中继海底光缆通信系统要求》；

GJB 5931—2007《军用有中继海底光缆通信系统要求》；

GB/T 18480—2001《海底光缆规范》；

GB/T 51154—2015《海底光缆工程设计规范》；

SJ 51428/4—1997《骨架式重型浅海光纤详细规范》；

SJ 51428/7—2000《军用轻型浅海光缆详细规范》；

SJ 51428/8—2002《可带中继的浅海光缆详细规范》；

SJ 51659/1—1998《骨架式浅海光缆接头盒详细规范》；

SJ 51659/2—2000《军用轻型海底光缆接头盒详细规范》；

SJ 51659/3—2002《TSE – 773 浅海光缆接头盒详细规范》。

GJB 4489—2002《海底光缆通用规范》是国内采用较多的海底光缆标准，标准规定了海底光缆的通用要求、质量保证规定、交获准备和说明事项。适用于海底光缆的研制、生产、订货和验收。标准给出了深海、浅缆光缆的典型结构，规定了光学性能、力学性能、物理性能、环境适应性及电气性能，明确了鉴定检验与质量一致性检验的检验项目、检验方法、检验要求等。标准的附录包括不锈钢松套管、聚丙烯绳、沥青、锌铝镁合金镀层钢丝的主要技术要求及拉伸负荷和渗水试验的方法等。

为了适应我国海底光缆发展的新要求，GJB 4489—2002《海底光缆通用规范》已修订，修订后的版本号为 GJB 4489A（目前尚未发布），修订时遵循以下原则：

1）继承 GJB 4489—2002 中关于海缆共性要求内容，修改其不合适的内容；

2）以当前国内军用海底光缆应用要求和生产水平为主并考虑未来发展，同时参考现行海底光缆通信系统方面的国家军用标准和国家标准及相关海底光缆技术资料；

3）与光缆方面的国家军用标准及同期进行的关联项目《海底光缆接头盒通用规范》保持协调一致。

GJB 4489A（报批稿）与 GJB 4489—2002 的主要技术区别是：

1）增加了光纤接头、有中继海底光缆种类、耐水压、渗水及拉伸负荷严酷等级，增加了机械环境试验后的外观和电性能要求、一种渗水试验方法，增加了型号命名和军用零件号规定；

2）将产品结构、重量和拉伸负荷具体值属于详细规范规定的内容修改为原则规定，并将原重量及拉伸负荷具体值作为资料性附录给出；

3）调整了机械试验期间和试验后光透射性变化及光纤伸长量要求；

4）将温度循环试验样品光纤不锈钢管改为缆芯，修改了反复弯曲试验的速率及冲击试验方法；

5）将对光纤的筛选应变要求从结构要求修改为对材料的要求；

6）将 GJB 4489—2002 中附录 B"锌铝镁合金镀层钢丝"和附录 C"海底光缆拉伸负荷试验方法"改为在正文中引用相关标准。

标准内容的变化是应用要求及生产技术水平变化的反映。可以看出，对海底光缆的要求更高更细，如增加了光纤接头、有中继海底光缆种类及要求等；对结构品种的要求更加灵活多样，一方面提出了有中继海底光缆要求，另一方面无中继海底光缆的段长也在逐步增加；同时生产上技术水平更加先进。如上所述，ITU－T G. 978 也是这种变化，这也反映了我国海底光缆应用要求及生产技术水平与国际同步。

关于海底光缆还有一些线路工程标准，如上文所述的国标海底光缆工程技术规范及 HJB 276. 1A—2016《军用海底光缆线路工程通用要求　第 1 部分：勘查》、HJB 276. 2A—2016《军用海底光缆线路工程通用要求　第 2 部分：设计》、HJB276. 3A—2016《军用海底光缆线路工程通用要求　第 3 部分：施工》及 HJB276. 4A—2016《军用海底光缆线路工程通用要求　第 4 部分：验收》等。海底光缆与其系统紧密相连，其线路工程特殊，研制生产和应用海底光缆时多了解一些系统及线路工程标准是非常有效的。

8.3 国内外标准的关系

GJB 4489（GJB 4489—2002 及 GJB 4489A）与 ITU - T G. 978 不是对应标准关系。国际标准及各国的标准都有其固定的独立风格格式，加之 ITU - T G. 978 不是我国提案，所以两者的风格格式相差较大，从两个标准的主要内容可以看出，两者不可一一对比，但两者的总体方向是一致的，如产品分类和基本结构、性能要求等，没有冲突之处。

国家标准 GB/T 18480—2001 及修订与 ITU - T G. 978 也不是对应标准关系。海底光缆是"光缆"的一个类别，除海底光缆外，光缆大类产品标准都是由国际电工委员会（IEC）制定的。在 IEC 标准中，光缆标准体系大类编号是 IEC 60794《光缆》，目前已有分五类分规范。在我国光缆标准体系中，把海底光缆归入了"光缆"大类中，光缆标准体系大类编号是 GB/T 7424。正在修订的《海底光缆》已改为《光缆 第 6 部分：分规范 海底光缆》，标准编号为 GB/T 7424.6（不再用 GB/T 18480）。

ITU - T 建议书提出（研究）的主要是原则性要求，"是什么、为什么"及原因和机理都有，还有一些"例如"内容（不是我国标准中的示例）及海底光缆的典型敷设方式等。比如，它在"海底光缆的特性"一章中提出"海底光缆的设计应确保在光缆整个设计寿命内光纤免受水压、纵向水传播、化学侵蚀和氢气污染的影响"这样的总则要求；在"缆结构对光纤的保护"一节中描述"光纤的机械生存能力由玻璃结构内部的裂痕生长所决定，它取决于光纤成缆前的初始机械状态，取决于光纤的物理结构（涂层类型、内应力）、光纤生产过程中的环境条件以及光纤拉丝后对光纤所施加的筛选试验等级"；还有"备用海底光缆特性"等。这些内容都是我国标准不规定的，我国的标准只规定"是什么"，需要时可验证，对产品结构及性能要求（含检验方法）规定得较全面具体，标准文本编辑上逻辑性和各章节的衔接性较强，ITU - T 建议一些章节有不必要的重复。这就是两者风格上的不同，不是国际标准涵盖范围大，国家标准涵盖范围小，也不是技术要求的高低差别。我国的标准是"采购规范"，适合产品供销合同引用。ITU - T 建议书的内容是主要标准的内容，所以称之为"标准"，但又不是规范性的产品（含系统）标准，像是设计标准并更侧重于从系统的角度考虑，如在标准中向系统设计者提出建议、对光纤色散的建议较多等，适合指导产品或系统设计。两者各有用途，没有优劣之分。当然两者也有具体技术要求的差别，当前海底光缆的国内标准（国标和国军标及其修订稿）与 ITU - T G. 978 的主要区别是：

1）深海光缆和浅海光缆的界限不同，国内标准规定 500m 及以下为浅海光缆，ITU–T G.978：2010 规定 1000m 及以下为浅海光缆；

2）ITU–T G.978：2010 明确建议同一系统可以使用不同种类的光纤，而国内光缆标准中没有此条内容（早期的标准限制，现在的标准中不限制也不明确建议）；

3）ITU–T G.978：2010 作为一章规定了"单元缆段的传输性能"，国内的标准没有此章。

最后指出，标准是一种文件，有版本号之分及时效性。标准修订时一般标准号不变，只是版本号或年代号变化。关于标准的时效性可查阅相关文件或咨询标准机构。同时提醒，标准新版本发布后替代旧版本，但并不是旧版本再也不能使用了，这在标准文本的固定段"2 引用标准"的导语中可以看出（只是提倡使用新版本），例如整机系统中个别部件的更换或技术改造，有可能使用该部件的原产品标准，这种情况在军用标准中很多。

8.4 现行军民标准的区别

我国海底光缆既有国军标也有国标，由于军标与民标各有一套体系，因而格式不同，军标与民标侧重点不同，军标强调产品的环境适应性和可靠性，民标强调产品性能。但两者在技术要求上较为一致，仅在产品结构种类及具体性能要求上略有区别，见表8-2。

表 8-2　海底光缆军民标准要求的主要区别

项目		GJB 4489—2002	GB/T 18480—2001	说明
产品结构种类		按保护形式分五种	按保护形式分三种	GJB 4489 多轻型海缆和岩石铠装缆
性能要求	耐电压（直流）	试验电压 5kV	试验电压 15kV	GB/T 18480 没有分中继和无中继
	温度范围	−20～50℃	−20～60℃	没有实质性区别
	耐水压（水密）	5MPa、50MPa 两档	2MPa	GJB 4489 中 5MPa 水压与 GB/T 18480 中 2MPa 水压要求相近，前者要求较高

8.5 术语解释

关于海底光缆的相关术语解释在 ITU–T 建议和国内标准中都有，但其范围或具体解释有所不同。本书介绍的术语是两者之和。对同一术语，两者定义相近时本书只介绍国内标准的术语解释，两者有差别时先介绍国内标准解释，后介绍国际标准解释。

1）海底光缆（Submarine Optical Fiber Cable）

采用光纤作为海底传输线的光缆。

2）单元缆段（Elementary Cable Section）

两个设备（中继器、分支单元或终端传输设备）之间的全部光缆长度。有两种单元缆段，即单一型光纤单元缆段和混合型光纤单元缆段，如图8-1所示。

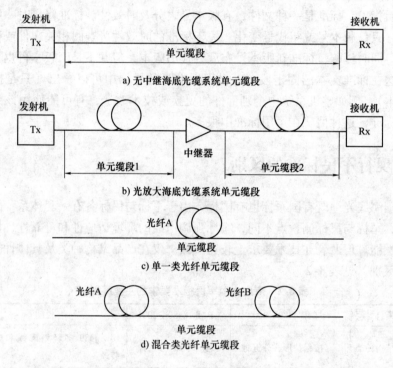

a) 无中继海底光缆系统单元缆段

b) 光放大海底光缆系统单元缆段

c) 单一类光纤单元缆段

d) 混合类光纤单元缆段

图 8-1　单元缆端示意图

3）海底部分（Submarine Portion）

位于海滩接头之间或登陆点之间海床上的系统部分，包括海底光缆和海底设备（如海底光中继器、海底光分支单元及海底光缆接头盒）。

4）海底光中继器（Optical Submarine Repeater）

海底部分的一种设备，主要包括一个或多个再生器或放大器以及相关器件。

5）终端传输设备（Terminal Transmission Equipment）

一种将海底光传输线端接在光接口上，并与系统接口相连的设备。

6）缆芯（Cable Core）

内护套及其以内部分，包括光纤单元、可能有的导电体及内加强层。

7）光纤单元（Optical Fiber Unit）

与光纤直接接触以提供保护的单元，如在光纤外套金属管或塑料管形成的单元。

8）浅海光缆（Shallow Water cable）

国内相关标准：敷设水深不大于500m的海底光缆。

ITU－T G.972：浅海的极限深度为1000m。

9）深海光缆（Deep Water Cable）

国内相关标准：敷设水深大于500m的海底光缆。

ITU－T G.972：深海是深度超过浅海极限值的水深。

10）有中继海缆（Repeatered Submarine Cable）

可为水下中继器供电，结构中含有馈电导体的海缆。

11）无中继海缆（Repeaterless Submarine Cable）

传输性能满足无中继传输要求，结构中不含馈电导体（可含检测导体）的海缆。

12）轻型海缆（Lightweight Cable）

在布放、回收和操作中不需要特殊保护的海缆，通常指在光纤单元外进行加强的海缆。

13）轻型保护海缆（Lightweight Protected Cable）

在轻型海缆外附加保护层的海缆。

注：这种海缆适用于腐蚀和鱼咬危险严重的区域布放、回收和操作。

14）单层铠装海缆（Single Armored Cable）

在缆芯（护套）外绞合单层钢丝保护的海缆。

15）双层铠装海缆（Double Armored Cable）

在缆芯（护套）外绞合双层钢丝保护的海缆。

16）岩石铠装海缆（Rock Armored Cable）

在缆芯（护套）外绞合多层（通常为两层）钢丝保护且外层以小节距绞合的海缆。这种海缆具有适当的保护，适合于浅水的特定区域或岩石区域布放、回收和操作。

17）断裂拉伸负荷（Ultimate Tensile Strength，UTS）

海缆的最小保证断裂负荷。

18）短暂拉伸负荷（Normal Transient Tensile Strength，NTTS）

在一次海上回收作业时所需累积时间内（约1h）不明显降低系统性能、寿命和可靠性条件下可以施加的最大短暂负荷。

19）工作拉伸负荷（Normal Operation Tensile Strength，NOTS）

海洋作业所需时间内（一般为48h）不明显降低系统性能、寿命和可靠性条件下可以承受的最大平均工作负荷。

20）永久拉伸负荷（Nominal Permanent Tensile Strength，NPTS）

海缆敷设到海底后不明显降低系统性能、寿命和可靠性条件下可以施加的最大永久负荷。

21）缆模量（Cable Modulus）

一段以 km 为单位的缆的长度，它在水中的重量等于缆的断裂负荷。

22）缆工作模量（Cable Operational Modulus）

一段以 km 为单位的缆的长度，它在水中的重量等于缆的标称工作拉伸负荷。

23）缆安全模量（Cable Full Safe Modulus）

一段以 km 为单位的缆的长度，它在水中的重量等于缆的标称永久拉伸负荷。

24）缆瞬时模量（Cable Transitory Modulus）

一段以 km 为单位的缆的长度，它在水中的重量等于缆的短暂拉伸负荷。

25）最小弯曲半径（Minimum Cable Bending Radius）

指导海缆作业的弯曲半径。

26）海底光缆系统的拓扑结构

① 点到点型拓扑：指位于两个不同终端站（Terminal Stations，TS）的终端传输设备（Terminal Transmission Equipments，TTE）通过海底链路直接相连，这是最为简单和常用的拓扑类型。

② 星形拓扑：包括一个主 TS 和若干从 TS，它们之间通过独立的光缆相连，这种配置相对比较昂贵，特别是 TS 在地理上分布较远的时候。

③ 分支星形拓扑：这种配置提供的容量和普通星形相同，只是通信的分流是在水下由分支单元（Branching Unit，BU）完成的，以减少遥远 TTE 间光缆的花费。

④ 主干分支型拓扑：这种配置指若干 TS 通过 BU 连接到主干光缆上，并通过 BU 提取本地信息的配置。

⑤ 花边链形拓扑：由一系列主要海岸登陆点间的环路构成，一般配置成无中继系统。花边链型结构主要作为陆地系统的补充，为现有陆地系统提供路由保护。同时，这种配置已经越来越多地成为陆地系统的替代方案。

⑥ 环形拓扑：环型配置本质上是一系列点到点光缆的互连，其容量是传输所需容量的两倍。当环上发生单一错误，如光缆被切断时，通信将避开不可用部分并路由到余下光缆到达目的站。岸上的传输设备提供整个环的自动错误检测和倒换控制功能。

⑦ 分支环形拓扑：这种配置用附加的分支单元扩大了基本环的容量。分支环可以被认为是分支星形和环形的融合，保留了这两种拓扑的大部分优点。在恰当的设计下，一个网络可以在初期建设成分支星形和主干分支型等结构，最终升级为分支环形。